私たちが描く

次世代につなげたい

「未来の環境都市」

〈東京都市大学環境学部公開講座 企画委員会〉編著

プロローグ

本書は大和リース株式会社様から東京都市大学への寄附により実施しました東京都市大学公開講座「未来の環境都市」の報告です。東京都市大学では2016年9月より総合研究所に未来都市研究機構を設立し「未来都市研究」を推進してきました。世界をリードしている講師の皆様による「未来の環境都市」をテーマとした本公開講座のシリーズ講義と講義録は、これから展開する都市大の未来都市研究における財産です。講師を務めていただいた皆様、このような機会を設けていただいた大和リース株式会社様、そして企画運営に当たった環境学部の皆様に感謝いたします。

都市大は2017年度の文部科学省私立大学研究ブランディング事業に「都市研究の都市大：魅力ある未来都市創成に貢献するエイジングシティ研究および実用化の国際フロンティア」にて応募し、採択されました。ブランディング事業にはタイプAとタイプBがありますが、都市大はタイプBでの採択であり、イノベーション創出など、経済・社会の発展に寄与すること、先端的・学際的な研究拠点の整備により全国的あるいは国際的な経済・社会の発展、科学技術の進展に寄与することが求められています。都市研究のフロンティアとして、研究成果を発信し、社会実装を進めていくことが、都市大が果たすべき役割と考えています。

都市研究の都市大は語呂合わせではありません。大学名称に都市を冠し、世界最大の都市圏に立地する大学であること、都市大を構成する6学部で都市研究は共通性が高いこと、以前より都市に関する研究が進められていること、などから、大学の研究ブランドとして「未来都市研究」を掲げました。

都市大は英語名称をTokyo City Universityとして国際登録しています。City Universityを名乗る大学としてはLondon, New York, Hong Kongが良く知られていますが、それらの大学でも都市研究が活発に行われています。近いうちにCity Universitiesを結ぶ国際連携を結ぶことも考えています。

「都市大の未来都市研究」では、わが国の都市が直面する課題を、「人も都市も高齢化が進んだエイジングシティ」と捉えています。このエイジングシティ問題を危機ではなく、「持続可能で魅力的な成熟都市」へ転換するための好機と考えて、多面的な研究展開をはかります。従来からのアンチエイジング研究からスマートエイジング研究への転換であり、国際競争力の維持・発展のみならず居住者の生活の質の向上に寄与することを目指しています。

エイジングシティ問題は世界中の都市がいずれかは直面する問題です。産業や経済と都市の発展過程から、東京都市圏が先進していると言えます。東京都市圏でのスマートエイジングの実現は、世界の中で、特に急成長をしているアジアの大都市圏でのモデルになると考えています。東京モデルとして世界に広がっていくことを目標としています。社会インフラの荒廃については米国で1983年に発表された報告「America in Ruins, The decaying infrastructure」が良く知られています。米国ではニューディール政策によって1930年代に集中的にインフラが整備されましたが、1970年代に入り、それらに急速な劣化が進みました。その報告の書き出しは「アメリカのインフラはそれらを更新するよりも早い速度で使い古されている。厳しい予算の状況とインフレーションは国の経済を回復させるのに不可欠である社会資本のメンテナンスをも遅らせることになっている」です。その後、インフラのリハビリテーションが大規模に進められましたが、未だに終わっていません。閾値を超えると回復は大変難しくなるのでしょう。

日本の今の状況は、アメリカでの40年前の状況に近いと言えます。「Japan in Ruinsにしないために」が、スマートエイジング研究の原点です。都市大の未来都市研究機構では、スマートエイジングの実現にはインフラだけではなく、社会制度、生活環境などを含む幅広い取り組みが必要と考え、研究を推進しています。

未来都市研究機構には、研究ユニットとして、エイジングインフラマネージメント、グリーンインフラマネージメント、シニアライフマネージメント、デイリーライフマネージメント、およびヘルスケアマネージメントを置いています。そこではIoT、AI、ビッグデータ、ICT、スマートグリッド、PPP/PFIなどがキーになるでしょう。この「都市大の未来都市研究」では、第4次産業革命時代の都市のスマートエイジングの具体的な姿を提案することを目指しています。

都市は歴史の流れの中で形成されていきます。都市の魅力もその過

三木千壽（みき ちとし）

東京都市大学 学長

1947年生まれ。東京工業大学卒業。同大学大学院理工学研究科土木工学専攻修了。工学博士。東京大学助教授。東京工業大学教授、同大工学部長、2005年副学長。2012年東京都市大学総合研究所教授、2013年副学長を経て2015年学長就任。専門は、構造工学と橋梁工学。

程で醸成されていきます。都市の魅力度が高いとされているロンドン、ニューヨーク、パリ、そして東京ともに歴史が重要な役割となります。東京としての魅力と、自分が生活している街の魅力は異なる価値観、スケールになりますし、世代間でも異なるでしょう。未来都市への取り組みはまるでモザイクを組むようです。

東京都市大学
学長　三木千壽

我が国は人口減少、高齢化や慢性的な財政課題を抱えた「成熟社会」へ向かいつつあり、新しい都市・社会システムを構築して、来るべき未来への準備を始めなければならない時期に来ています。2030年には人口の1/3が高齢者となり、生産性も落ちていく中で、70歳を過ぎても現役という時代が来ると予測されています。そのような状況の下で、都市の形、都市の機能、都市の中の様々な流れ、そして私たちを取り巻く様々な環境をどのように形成していけば良いのでしょうか。

一方、気候変動などの地球的規模の環境問題に対しても待ったなしの対応を迫られています。2015年12月には、1997年の京都議定書以来18年ぶりとなる気候変動に関する国際的な協定（パリ協定）が成立しました。これは、産業革命前から世界の平均気温上昇を2℃未満に抑えること、加えて平均気温上昇1.5℃未満を目指すものです。日本は、CO_2の排出が世界5位の主要排出国ですが、省エネルギーや脱CO_2エネルギーへの転換によって2030年までに、2013年度比で、温室効果ガスの排出を26%削減し、2050年には80%削減するという温暖化対策目標を揚げています。果たして、今のままの都市・社会システムで実現可能なのでしょうか。「経済・社会と環境」の関係に大きな変革が求められるものと考えます。

国連では、パリ協定が成立した2015年に、もう一つの大きな国際的目標が採択されました。それはSDGs（Sustainable Development Goals：持続可能な開発目標）と呼ばれるもので、地球環境と人々の暮らしを持続可能とするために、全ての国連加盟国が2030年までに取組むべき貧困や教育、環境など17の分野についての目標が設定されています。また2006年には、投資家がとるべき行動として責任投資原則（PRI：Principles for Responsible Investment）を打ち出しましたが、その元となる視点がESG投資という考え方です。これは、環境（Environment）、社会（Social）、企業統治（Governance）に配慮している企業を重視・選別して行う投資のことです。そのうち「環境」ではCO_2の排出量削減や化学物質の管理、「社会」では人権問題への対応や地域社会での貢献活動、「企業統治」ではコンプライアンスの在り方、社外取締役の独立性、情報開示などが問われることになります。

さて、国際オリンピック委員会（IOC）は、1994年にパリで開催されたオリンピック100周年会議において、「スポーツ」「文化」に加え、「環境」をオリンピック精神の第3の柱にすることを宣言しました。そして2020年に開催される東京オリンピックでは、上述したSDGs採択後初めてのオリンピックとなることから、東京オリンピック・パラリンピック大会組織委員会は、「今日の「持続可能性」の概念が、環境負荷の最小化や自然との共生等、環境側面だけでなく、人権や労働環境への配慮、サプライチェーンの管理等まで広がりを持っており、多くの人々が強い関心を持つものになっている」とし、東京2020大会が目指すべき方向について、「環境」のみならず「社会」及び「経済」の側面を含む幅広い持続可能性に関する取り組みを推進するとしています。そして「例えば」として、「東京の特徴である世界的に見ても充実した都市基盤や安全性をベースに、「おもてなし」や「もったいない」、「足るを知る」、「和をもって尊しとなす」といった日本の価値観や美意識を重視したり、江戸前、里山・里海など地域に根付いた自然観を世界へ発信するほか、最先端テクノロジー（より高度な省エネや再生可能エネルギー、リサイクル等の環境対策技術等）を活用して社会システムに組み込むなど、東京や日本の独自性についても意識していくことが重要である」としています。

上述してきたように、現代は「環境」または「環境への配慮」を意識することなしに経済や社会の持続可能性を実現することは困難な時代と言えるのではないでしょうか。もちろんその前提は、持続可能な経済・社会の実現のための環境配慮は、将来世代に幸せな日常をもたらすものでなくてはなりません。

東京都市大学環境学部では、2年後の2020年に46年ぶりに開催される東京オリンピック夏季大会をオリンピック・レガシーとして、これからの日本にとって本当に必要な都市像、まちづくりについて、地球的・地域的規模の環境問題から我が国が抱える人口減少と高齢化問題に至る様々な課題の解決に向けて、産官学の視点から各界をリードする識者をお招きして議論し、未来の環境都市・社会の構築に向けて、

吉﨑真司（よしざき しんじ）
東京都市大学環境学部長　博士（農学）

専門領域：緑地環境システム・環境緑化工学。乾燥地における風食防止のための防風・防砂林の研究、海岸防災林・沿岸域緑化研究に取り組んでいます。
共著「風に追われ水が蝕む中国の大地 緑の再生に向けた取り組み」、共著「最新環境緑化工学」他。

アカデミズムの立場からどのような貢献ができるのかを考える機会にしたいと考え、2016年（平成28年）6月から12月にわたって、東京都市大学夢キャンパスにおいて全6回の公開講座「私たちが描く未来の環境都市」を開講致しました。

　本書、『私たちが描く 次世代につなげたい「未来の環境都市」』は、公開講座全6回の講演内容及び講演後の会場での講演者と参加者との意見交換の内容を編集したもので、以下の内容で構成されています。

　なお、毎回の講座では本学環境学部の教員がファシリテーターを務めました。

　第1回：「現在の「まち／都市」の課題について」
　第2回：「自然と共生し豊かに暮らせるまちづくりとは」
　第3回：「心豊かな文化都市とは」
　第4回：「生物、生態系から見たまちづくりと都市環境」
　第5回：「「まちづくりの各セクターの役割」について」
　第6回：「私たちが描く「幸せな未来の環境都市」とは」

　このたび出版の準備が整いようやく読者の皆様にお届けできることは、講座の企画から実施、そして出版に関わったものとして法外の喜びです。ここに至るまでに、ご支援をいただきました大和リース株式会社様には、この場を借りて厚く御礼申し上げます。

　また、私どもの依頼に快くお引き受けいただき、貴重なご講演をいただきました皆様にもあらためて、御礼を申し上げる次第です。

　末筆になりますが、講演内容のリライトから最後の出版に至るまでをお引き受けいただき、最後まで私たちを励まし続けていただきました株式会社マルモ出版の丸茂喬代表取締役社長様はじめ社員の皆様には、心より感謝申し上げます。

2018年3月11日
東京都市大学
環境学部長 吉﨑真司

第 1 章

現在の「まち / 都市」の課題

隈　研吾 / 建築家・東京大学教授

涌井史郎 / 東京都市大学特別教授

森田俊作 / 大和リース株式会社 代表取締役社長

東京の課題。国際競争力強化と大規模機能集約型都市形成の視点から、伝統的日本の都市の思想、自然共生と、エネルギー・物質の再生循環の姿を、環境遺産として２０２０年・東京オリンピック・レガシーとして位置づける。とりわけ二酸化炭素の固定や生物多様性を考慮し、地方と東京の関係性を強化する上で有益な木材の利活用と都市の森の再生・創造の観点を交えつつ、新たな都市形成の方向とその実現方法について、国際的に活躍されている建築家・隈研吾氏、経済界で活躍されている森田俊作氏と本学の特別教授の涌井史郎が加わり議論を展開していきます。

1. コンクリートの街から、木の街へ

話／隈　研吾（建築家・東京大学教授）
写真・図版提供：隈研吾建築都市設計事務所

好きな建築家 ブルーノ・タウト

　最初に、ブルーノ・タウトという建築家の話をしましょう。建築を勉強した学生でもあまり知らないマニアックな建築家ですが、実は日本では非常に重要な人です。というのは、桂離宮を発見した人だとよく言われます。桂離宮はそのずっと前からあったのですから、発見という言い方は本来おかしいですね。なぜそう言われているかというと、彼が1933年に日本に来て桂離宮を見たとき、「これはすごい、世界的に見てもトップレベルの建築だ」と言ったという有名な話があるのです。1933年というと、ナチスドイツが政権を取った年ですね。彼はずっとソーシャルハウジングをやっていたので、ワイマールのナチスドイツから睨まれていた。このままドイツにいたら危ないぞということで、すぐに荷物をまとめてシベリア鉄道に飛び乗って日本に来たんです。ウラジオストクから駿河の港に着き、そこから福井の港を通って京都に着いた。次の日の朝起きて、桂離宮に案内されたという逸話が残っています。彼を招いたのは当時京都や大阪にいた建築モダニズムの先鋭的な先生たちで、ぜひ彼に桂離宮を見せたいと思っていたんですね。何と言うだろうという好奇心と同時に、見たらおそらく感激するのではないかという思いがあったようです。果たして、ブルーノ・タウトは桂離宮の入り口でもう泣き始めたといいます。

　桂離宮には竹の垣根があります。この桂垣には2種類ありますが、入り口にある竹の組み方が桂離宮独特なんです。生きた竹をそのまま折り曲げて編んであるという世界でも珍しいものです。建物の中に入る前に入り口でもう泣き崩れてしまった。この人は一体どうしたんだろうと驚いてしまいますが、タウトは桂離宮の形がすごいと言っているのではないのです。形だけなら、ヨーロッパから見ればあばら家に近い、バラックに近い。けれども、自然と建築との関係性がすごいと言っているわけです。この見方は、当時としてはなかなか面白いと思います。生きた竹をそのまま使った桂垣はその象徴でしょう。

　もう一つは、庭と建築との関係です。庭がどのように見られるか、人間の視点から見た庭と建築をどうデザインしているかということです。形の良し悪しではなく、関係を問題にしているのがすごいところです。タウトの桂離宮論は日本でも有名になり、世界的な建築家がすぐに『日本美の再発見』というタイトルで岩波新書から本を出しました。

　実は私はタウトと個人的にも縁があるんです。この木箱は煙草入れなんですが、タウトが日本に来てからデザインして、銀座のミラティスという店で売っていたものです。1933年から3年間くらい店をやっていました。そのスポンサーが、高崎の観音様を作っていた井上工業の井上房一郎という方でした。父は明治の生まれなんですが、1933年か34年に銀ブラしていた時、これを見つけて買ったらしいです。当時でも高かったと思いますよ。とても自慢にしていて、機嫌がいいとこれを見せて、「ブルーノ・タウトっていうすごい人がデザインしたんだぞ」と言っていたものでした。何回見せられたか知れないのですが、今はもう父も亡くなったので、私の事務所の机の前においてあります。そんなわけで、タウトがどういう人か知る前から、この木箱を見て、すごくかっこいいなあ、簡素だけど木の質感がすばらしいと思っていました。その後、桂離宮の自然との関係性、自然と人間との関係性について語ったのがタウトだということを知り、どんどんタウトにはまっていきました。

　タウトは日本に来る前の若い時からスターでした。1880年に生まれたのですが、1910年に国際建築博覧会の中の鉄鋼館、その次にはやはり博覧会建築のガラス館を作りました。外から見ると当時のドイツ表現主義ですね。中に入ると水が滝のように流れているんですよ。再現されたものを見たんですが、色ガラスの中に滝が流れているというすごい空間です。全部ガラスなので、光が透過して、ぱあーっと光に包まれる中を滝が流れているんです。迫力のある空間でした。

　その延長線上で『アルプス建築（Alpine Architektur）』という本を書きました。アルプスの中に自然と建築が一体となった理想郷をつくるというユートピア的発想です。1919年に出版されています。

　この本の中にはポエティックな絵がたくさん入っています。例えば、山の頂上が建築にも宝石にも見える絵です。実際に建設することを前提として描いたというよりは、彼の持っている哲学を表していると考えた方がいいでしょう。人間と自然、建築と自然が一体にならないといけないという考え方です。私は今でも読む価値のある本だと思います。

　中でも有名なのが、「アルプス建築」という絵です。

隈　研吾（くま けんご）

建築家・東京大学教授

1954年横浜生まれ。東京大学建築学科大学院修了。東京大学教授。作品に「森舞台／登米町伝統芸能継承館」（日本建築学会賞受賞）、「グレート・バンブー・ウォール」（北京）、「歌舞伎座」（第五期）など。『自然な建築』『小さな建築』（岩波書店）など著書多数。

Photo (c) J.C. Carbonne

建築家　ブルーノ・タウト（出典 - 国際建築協会発行、「国際建築1939年2月号」1939年2月10日発行）

ブルーノ・タウトによる桂離宮のスケッチ集

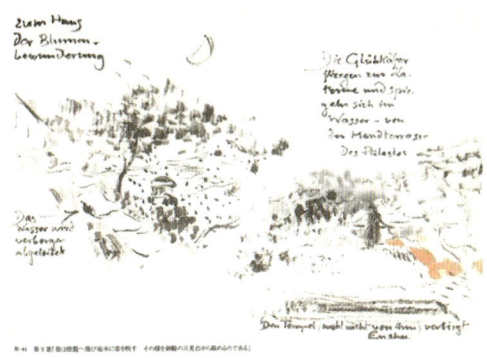

桂離宮　自然と人間の関係を考察したタウトの千鳥模様のスケッチ

ブルーノ・タウトが作った木の箱

鉄の博覧会の中に造った鉄鋼館（1910 年）

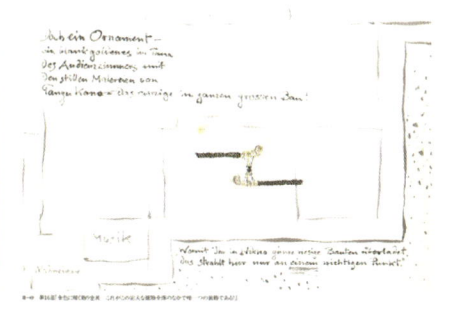

鉄の博覧会の中に造ったガラス建築

ブルーノ・タウトが描いた「アルプス建築」

「アルプス建築」というユートピア的建築の絵を出版（1919年）

ブルーノ・タウトが設計した集合住宅

ブルーノ・タウトが設計したブリッツにある馬蹄形の集合住宅（1925 年）

この本の執筆と並行して、彼は「ジードルンク」という社会公共住宅をドイツ国内で多数実現しています。最高傑作といわれているのがベルリンの郊外、ブリッツにある集合住宅。今でも実際に人が住んでいるんですよ。ベルリンに行ったら二つ見るべきものがあると言われています。一つは「ユニテ・ダビタシオン」というル・コルビュジエの集合住宅、もう一つはタウトのブリッツ。僕としては圧倒的にタウトのブリッツですね。

タウトとコルビュジエはある意味ライバルです。タウトが6歳年上と世代も近いですね。コルビュジエがコンクリートと鉄といういわゆるモダニズム建築だったのに対して、タウトは自然と建築との関係性を20世紀初頭から言っていた。それをブリッツの集合住宅で実現しています。この馬蹄形の中央に、今で言うとビオトープのような池があります。景観としてかっこいい池ではありません。自然と人間との理想的な関係が感じられるような、ちょっとスピリチュアルな感じさえする池です。その周囲に馬蹄形に木立があり、放射状に住宅が広がっている。今はもう木が大きくなっているので、木と建築との関係を見ても感激します。この建築が1925年から35年ですね。その後ナチスが政権を取り、彼はナチスと全く相いれなかったので、33年に日本に来たというわけです。

コルビュジエは一つのデザインに色を一つだけ使うのですが、タウトは全部違うのです。様々な色のものが樹木の影に隠れて建っているんですね。これを見ても、コルビュジエとタウトのデザインがいかに対照的かということがわかります。

1934年には日本に来て、『スケッチ・オブ・ジャパニーズ・ランドスケープ』という本を出しています。水彩画が上手だったので、日本を旅して田園風景や好きな建築を描きました。伊勢神宮や桂離宮が特に好きで、東照宮は大嫌い、趣味が悪いと言っていました。タウトは、日本には自然を大切にする天皇系の美学と野蛮な武士系の美学があるとしましたが、東照宮は武士系建築の典型だったのでしょう。武士系と天皇系に二分するという、いわば乱暴な論を展開したわけです。田園風景では、秋田県の田園風景や茅葺屋根の農家に非常にほれ込んでいたようです。

桂離宮についての文章も、この本の中に出てきます。これは有名な千鳥模様のスケッチで、自然と人間との関係を考察しています。

タウトは日本で大きな活動を二つしました。一つはミラティスで行ったプロダクトデザインです。竹が大好きだったから、竹でいろいろなものを作っています。布でもプロダクト系のものを一つはデザインしてい

ます。3年の間にものすごい数のデザインをしました。

もう一つの活動は、やはり建築です。一軒は「旧日向別邸」という熱海にある家です。既存の住宅に続く崖の斜面に庭が作られていたのですが、その下のスペースの外装だけ行いました。これができたときタウトは自信満々で、まさに自分が考えていた関係性の建築をやったと言っていました。しかし、日本人には不評でした。「このへんてこな和風は何？」という反応だったのです。日本人がタウトに期待していたのは、鉄鋼館やガラス館のような、どちらかというと工業社会の最先端的なものでした。それなのに出てきたものは和風もどき、「なんちゃって和風」です。日本人、特に日本建築界はがっかりしました。タウトにもそれが伝わったようです。自分はせっかく勉強して、日本に対する愛情表現としての建築をつくったのに、日本人は理解しなかったと思ったのでしょう。彼は失望し、1936年、建物が完成してすぐに、トルコの大学に呼ばれて行ってしまいました。

これはその「旧日向別邸」の中ですが、僕はなかなか面白いと思います。和室の中に高低差をつけるという珍しい試みをしています。また、ここから海がどう見えるかをタウトなりに計算しているのです。当時日本にはなかった、扉が全開するサッシのヒンジをわざわざドイツから取り寄せ、人間と海が一体に感じられるように工夫しました。大好きな竹もいっぱい使っています。この照明もキャバレーみたいだと言われましたが、彼としては、熱海の海の漁火をイメージしていたのですね。椅子も全部タウトがデザインしました。フックが付いていて、壁にかけられるようになっています。パーティーの時ダンスホールとして使うためですね。この松は、タウトの庭から生えている松です。旧日向別邸は個人の持ち物だし、私にとってはどこにあるか知らない謎の建物でした。1995年、阪神淡路大震災の年、私は熱海の敷地を見に行きました。そして隣の人と会ったら、その人が「うちはタウトが造ったんです」と言うのです。偶然にも隣がタウトだと知ってびっくりしました。私もタウトにならって、海との関係性を学びながら造ったのが「ATAMI 海峯楼」です。1995年は私にとって非常に重要な年となりました。自然と建築の関係をこの頃から考え始めました。

隈研吾の近作について

2000年には「那珂川町馬頭広重美術館」を造りました。ちょっと歌川広重の絵の話をしたいと思います。こちらは広重の代表作です。雨があり、木の橋があり、竹がある。西洋の絵画に影響を与えたと言われています。ゴッホが正確な模写をしている絵もあります。ゴッホによ

ブルーノ・タウトが出版した『スケッチ・オブ・ジャパニーズ・ランドスケープ』（1934年）

タウトが建てた旧日向別邸のダンスホール

旧日向別邸の段差がある和室

歌川広重の影響を受けたゴッホの絵

歌川広重の浮世絵

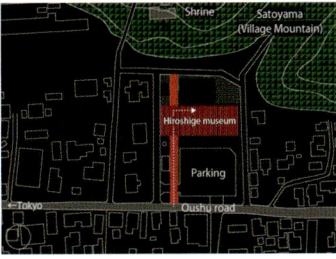

里山を意識して配置された広重美術館

旧日向別邸の隣にある自作の建築「ATAMI 海峯楼」（1995 年）　タウトに倣って海との関係性を考えた Photo (c) Mitsumasa Fujitsuka

里山と街をつなぐ「那珂川町馬頭広重美術館」（2000 年）木の素材を生かした建築 Photo (c) Mitsumasa Fujitsuka

る模写は、アムステルダムにあるゴッホ美術館に行くと重要な壁に飾ってあります。いかに広重からの影響が大事だったかがわかります。ゴッホは広重の作品の中に、自然というものと人間というものとの関係性の把握の仕方を見ている、それが印象派に影響を与えたと言われています。ゴッホ自身は、3人の巨匠の影響で画家としての自分が形成されたと言っています。その3人とは、オランダ人の先輩であるレンブラント、印象派の画家全てから尊敬されていたセザンヌ、そして広重です。その組み合わせがすごい。この3人がゴッホの三大師匠なのですね。

もう1人広重から大きな影響を受けたのがフランク・ロイド・ライトです。ライトもまた、2人の日本人がいなかったら自分はなかったと言っています。1人は広重で、もう1人は岡倉天心だそうです。ライトは貧乏な時代に何度も日本に来ています。日本の浮世絵を買ってアメリカで売るという商売をしていたのです。目で見て商売をしていたのですね。彼は浮世絵の世界、中でも広重にどんどんのめり込んでいきました。これはライトが書いたパースです。広重的な構図ですね。自然と人工物との重なり方や水平線の表現など、全て広重からの影響ではないかと言われています。彼の建築の造り方も、自然と建築が解けたような感じです。この建物の内部と外部とが解けたような感じというのは、広重の影響をライトが非常に大きく受けたからだと言われています。

もう一つ、岡倉天心の茶の本の話も面白いです。知っていますか？欧米人のために英語で書かれた本です。1906年にアメリカで出版されたこの本を読んで、ライトは2週間仕事が全く手につかなかったといいます。自分が漠然とやりたいと思っていたことを全て、岡倉が本に書いていたから、自分はもうやることがないと思ったそうです。重要なのは内部と外部の融合、ボイドとしての空間でした。岡倉天心のこの考え方をライトは建築デザインのベースとしました。

これらの話からわかるように、広重は海外においても建築においても重要な人物でした。ですから私が広重美術館の依頼を受けたとき、その世界を自分なりに表現したいと思いました。こちらを見ていただくのがわかりやすいと思います。レイヤーで空間が重なっています。人工物と自然が重なって解けた世界を創るのが広重的だと考えたのです。それをやっている間にもう一つ気づいた重要なことが、「里山」です。このことは広重美術館の立地と深く関わっています。奥州街道、奥の細道の馬頭と言う宿場町に美術館を造りました。ここは街の中心でした。今でも地図のこの辺には古い建物が少しだけ残っています。里山があって、神社があって、街の真ん中がある。これが日本の典型

的な集落の構造であると言われています。日本の集落は里山のエッジにあるのです。里山から離れては生活できないと言われています。なぜなら、里山から材料や、それ以上に重要なエネルギーを吸収してきているのです。里山の薪をとって炊事をする、お風呂に入る、そのようなエネルギー源としての里山があります。さらに大事なのは、里山で堆肥を作って農業を営んでいたことです。稲作は里山なしではありえなかったのです。ただ単に田んぼが広がっていればいいというのではなく、里山があってこそ田んぼの意味がありました。ところが20世紀になって、材料もエネルギーも肥料も農業も、全て大都市志向になり、里山はもういらないということになってしまいました。里山は荒れてしまい、神社は捨てられてしまいました。馬頭でも神社は廃墟になっていました。そこで私は、もう一度里山と街を繋ぎ直す美術館を造りたいと考えました。美術館の真ん中に穴を開け、裏から、つまり里山側から入れるようにしたわけです。これに関して、町長は別の考えを持っていました。パーキングを造り、お客さんを入り口からどんと入れて、建物は北に寄せて、南に大きく庭をとってくれと言われたのです。でもそうしたら、また里山はただの裏になってしまいます。いろいろなものが捨てられ、機械置き場やゴミ置き場になってしまうでしょう。ですからそういう考え方はやめて、もう一度里山に人が入ってくれるような配置にするため、里山を表にしたわけです。材料もなるべく里山の木などを使い、和紙も街の職人の和紙、石も町の石切場の石を使いました。すると街の人たちの建物を見る目が変わってきました。東京のゼネコンが造った箱ものではなく、街の誰々が紙をすいて、誰々の石で造った、自分たちの美術館という感じになっていきました。これは里山資本主義と言われていますが、そういうものがいかに大切か、広重美術館を造りながら気付いていったのです。

木に目覚めて造ったのが広重美術館だとすると、竹に目覚めて作ったのが次のプロジェクト、万里の長城に建てた竹の家「Bamboo Wall House」です。中国での仕事でした。土地を建物に合わせるために造成工事をすると、緑がなくなってしまいます。ですから斜面をそのままにして、建物の方を斜面に合わせて造りました。材料の竹を長持ちさせるための処理方法は、中国にも伝統があります。日本の大工のやり方と違って、喧々諤々でした。それぞれの方法の良いところを取って造ったのがこれです。

次には、また木を素材に使いました。飛騨高山に千鳥というおもちゃがあります。積み木のようなものですが、切れ込みが入っているので、しっかりと組み合わせることができます。3種類の木のパーツを組み合

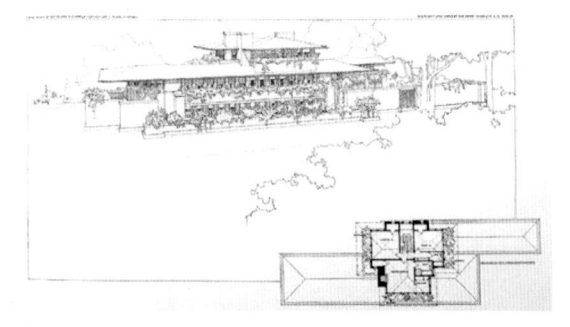

広重に影響されたフランク・ロイド・ライト「Robie House」1906年

万里の長城に建てた竹の家「Bamboo Wall House」(2002年) 中国で手掛けた竹の建築 Photo (c) Satoshi Asakawa

「GC プロソミュージアム・リサーチセンター」(2010年) Photo (c) Daici Ano

わせてひねると、カチっと止まるんです。この技法を使って、イタリアミラノにパビリオン「CHIDORI」を造りました。

さらに同じ技法で、高知県の梼原と言う町に、細い木組だけを使って10メートルの高さの「Yusuhara Wooden Bridge Museum」という建物を造りました。世界でも日本の大工しかできないだろうと思います。木組みの中の1つ1つが展示ケースになっています。梼原は愛知県との県境に近いのですが、11月から雪が降るという、南国高知とは思えない町です。かつて林業で栄えたところです。歴代の町長が林業でもう一度街を盛り上げたいと思っていました。梼原には萱葺のホテルやマルシェも造りました。マルシェとはマーケットという意味です。街には、萱葺屋根の東屋で旅人にお茶を出すという伝統がありました。かやぶきの茶道と言っています。ですから、萱葺でおもてなしの精神を見せるホテルを造ろうと思いました。町営ホテルで、宿泊料金はとっても安いんですよ。真ん中は地元の製品を売るマーケットになっています。

次はお馴染みのスターバックスのお店「太宰府天満宮表参道店」です。スターバックスの店舗を日本風のものにして欲しいという依頼を受け、木組みで造りました。これが構造体で、この木組みで建物を支えています。観光客が溢れて、スターバックスのシアトルの本社からも講演をしてくれと言われました。大きな設計事務所で講演をしたのですが、そこは年間3,000件、1日15件くらい店舗を設計しているんです。スタバの創設者のシュルツさんは事務所の人たちに、「あなたたちもいつも同じような店舗ではなく、それぞれの場所でそれぞれの材料を使って造らなくてはならない、これからのスタバはそれしかない」と言われました。イギリスのガーディアン紙でも取り上げられました。

フランスではパリのチュイルリー公園に、木組みの原理を使ったパビリオンを依頼され、2015年の11月に完成しました。これを見たロンドンの開発局が、今度はロンドンの中に同じものを造ってくれと言ってきています。

もっと都市的な環境の中ではどんなことが可能か見てみましょう。こちらは浅草の雷門の前にある「浅草文化観光センター」という建物です。40メートルの高さの建物を普通に建てるとペンシルビルになるのですが、木造の平家を7つ重ねたようなものにしたいという絵を描きました。これが実際にできたところです。ここでもう一つ忘れてはならないのは、木の不燃や防腐の技術が、ここ10年の間に世界で大変進歩してきたということです。木に対する関心が、同時に技術の発展を創っているということです。その片方だけでは無理です。技術があっ

て、関心があって、生活の中に取り戻したいと願う人々がいてはじめて、木の建築の数が増えているということです。

「豊島区新庁舎」は日本設計さんと組んだプロジェクトで、まさに技術と関心の両方があったからこそ実現したものでした。下が庁舎、上が高層マンションになっていて、太陽光パネルとリサイクル材の木で庁舎が覆われています。執務空間とパネルの間には、豊島の森という立体の森をつくりました。数階にわたって作られたこの庭園には、小川にメダカが泳いでいます。10階から下まで水が流れていて、なぜメダカが流れていかないかちょっと不思議なのですが、各階の間にメッシュがあって水だけ流れていき、メダカはそれぞれの階に住んでいます。この辺にもともと生えていた木を植えました。子どもたちには大人気の空間です。マンションに住んでいる人たちにとっても、立体的な森が下にあるということで意識が変わるようです。これは区役所の真ん中の吹き抜けは風の筒になっていて、電気を使わないで気流を起こし、空気の環境を守るシステムです。いわゆるエコロジカルでサステイナブルな技術ですね。

「新歌舞伎座」も都市の中に緑を取り戻す試みでした。実は、第二次世界大戦の時、アメリカは歌舞伎座をなんとか潰そうとしたそうです。東京空襲では明治神宮の森を絶対潰そうとして1,500発の焼夷弾を打ち込んだのですが、森は燃えませんでした。明治神宮だけ燃えて、森は燃えなかった。森は凄いです。歌舞伎座も、ハラキリなど野蛮なことをやっているということで明らかに狙ってきたが、表の一皮だけ残った。それをもとに1951年に再建されました。全部火を被っていたので耐震補強ができない状態でした。後にタワーを持ってきて、前の屋根の感じは残るようにしました。緑の庭園を作って都市に解放し、建物の配置も変えました。広場と路地を設置し、都市の中で人々が回遊できる空間をつくりました。木挽町通りを作り、歌舞伎小屋の雰囲気を取り戻そうとしました。材料は、元の歌舞伎座の材料をとっておいて使いました。以前の様に地下鉄とつながっていて、緊急時には3,000人が寝泊まりできる防災広場もあります。この施設も、基本的には取っておいた昔の材料を使いました。元の材料を使って、新しい歌舞伎座を造ったのです。

もう少し大きな例が「長岡市シティホールプラザアオーレ長岡」です。

長岡市は人口28万人程の都市ですが、新幹線の長岡駅ができてから、中心部の空洞化が問題となっていました。表通りがシャッター通りになってしまっていたんです。市役所も美術館もみんな町外れにありました。大きな敷地を探すと、町外れになってしまうのですね。その

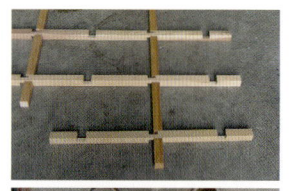

イタリアミラノで造ったパビリオン「CHIDORI」2007

高知県 梼原町に造った「Yusuhara Wooden Bridge Museum」（2010 年）Photo (c) Takumi Ota

「太宰府天満宮表参道店」（2011年）
Photo (c) Masao Nishikawa

パリのチュイルリー公園に造った木組みのパビリオン
Photo (c) Stefan Tuchila

「浅草文化観光センター」（2012 年）
Photo (c) Takeshi YAMAGISHI

結果、町中が空洞化して、人が歩いていない場所となってしまった。そこで長岡市の森民夫・前市長は、駅から歩いてすぐの厚生会館があったところを再利用して、市役所にしようというアイディアでコンペを行いました。私たちは土間のある市役所を提案しました。広場ではなくて、土間なんです。ニュアンスがだいぶ違います。広場だと石が敷いてあって硬い感じ。土間だと、土があって、湿り気があって、かまどがあったりして、独特な匂いが染み付いている。そんな感じが市役所にあったらいいと思って提案し、選ばれたのがこれです。下は土間です。土があります。昔のたたきは水に弱いので、少しセメントを混ぜ、硬くした材料で土間を造りました。木もふんだんに使いました。長岡市役所から15キロメートル圏内の木を使うというルールを決め、節のある越後杉でこのようなパネルの空間を作りました。雨や雪が降っても、駅から濡れないで来られます。子供たちがいつもいて、宿題をしているのですよ。お年寄りも集まってきては、B級グルメ大会など様々なイベントを誘致して頑張っています。元の厚生会館のアリーナ機能を取っておいて、中庭に太陽光の自動開閉付きのパネルを載せています。平日、イベントのないときには卓球台があって、自由に卓球もできます。屋台が出ることもあれば、勉強したければ勉強ができる、夢みたいな空間です。NPOの施設も充実していて、市の職員は全く絡まずに、ネットだけで予約を取ることができます。1年中ずっと予約でいっぱいだそうです。議会も広場に面してガラス張りです。議会で音楽会をすることもできます。この人たちは議員ではないんですよ。市民が切符を買ってきているのです。去年は120万人の人が市役所を訪れたそうです。28万人の人口の都市ですよ。東京のど真ん中にある東京タワーで220万人です。長岡市役所に120万人も来る。びっくりしました。観光地としてすごいですね。農家の紬をカウンターに使っています。

海外でも、地元の材料を使って地元のコミュニティの核となるような建物を造ろうという動きがあります。フランスのブザンソンという町で実現したのが「CITY OF ARTS AND CULTURE」です。古いレンガ倉庫を保存し、その周りに木の建物を増築するという形です。地元産のから松を使い、この道路からこちら側を全て我々がデザインしました。川の水でビオトープを作り、縁側のような空間を設置し、川も含めて建物の周りを全て回遊できるようにしました。大きな庇の下に空間があり、市民がいつも集まっている。階段の向こうに行くと、もう川があるというわけです。

その後、またパリのプロジェクトに関わりました。パリの真ん中で、環状線の鉄道があったところです。1970年につくられた物流倉庫を変えるという「パリコミュニティセンター」というパリ市の事業の一部でした。僕らは一番端っこの部分を担当しました。フランスの建築家が手がけたところは全てコンクリートの箱なのですが、われわれは物流倉庫に木の屋根をかけました。その中に小学校と中学校の体育施設を入れたのです。木の屋根はフランスでは珍しいのですが、好評でした。新しいことが好きなパリの女性市長も、2回も見に来てくれました。

最後に「新国立競技場」の状況をお見せしましょう。大成建設、梓設計と一緒に2016年の5月に基本設計を提出しました。明治神宮外苑ですから、外苑の森の中で建物をどこまで低くできるかということが課題となります。また、低くするだけではなく、建物とその周囲とを一体化させなければなりません。そのために、建物と周囲とを壁で断絶させるのではなく、庇を使うことによって、屋根と周囲を結びつけるようにしました。最初にお話ししたタウトの桂離宮のように、庇が重なり合って、周りと結ばれている状態です。そこに植生を絡め、まさに建物と外苑の森が一体となるように造りました。モデルとなったのは、法隆寺五重塔の屋根の庇が重なり合って影を作り、周りに溶けてゆく感じです。庇によって木が長持ちするから、法隆寺は築1400年という世界最古の木造建築となることができたのですね。傷んだものはそれなりに変えてゆくリサイクルのシステムが当時からありました。

新国立競技場の隣の明治神宮本殿も木で造られています。焼夷弾1,500発で本殿は燃えてしまいました。当時はコンクリートで建て直しするのが主流で、コンクリートで建て直そうという意見が大半だったそうです。しかし、岸田日出刀さんという建築家だけが、日本の森の中にコンクリートのものを造っちゃいけないと言って他の人たちを説得し、結局、木造で再建することになりました。明治神宮の本殿も庇が重なりあって、下に影ができるようになっています。庇の下に木と鉄の複合構造体があって、屋根を支えています。

以上、この講座のために話題を提供させていただきました。

民家の土間

長岡市シティホール 土間のある市役所　Photo (c) Mitsumasa Fujitsuka

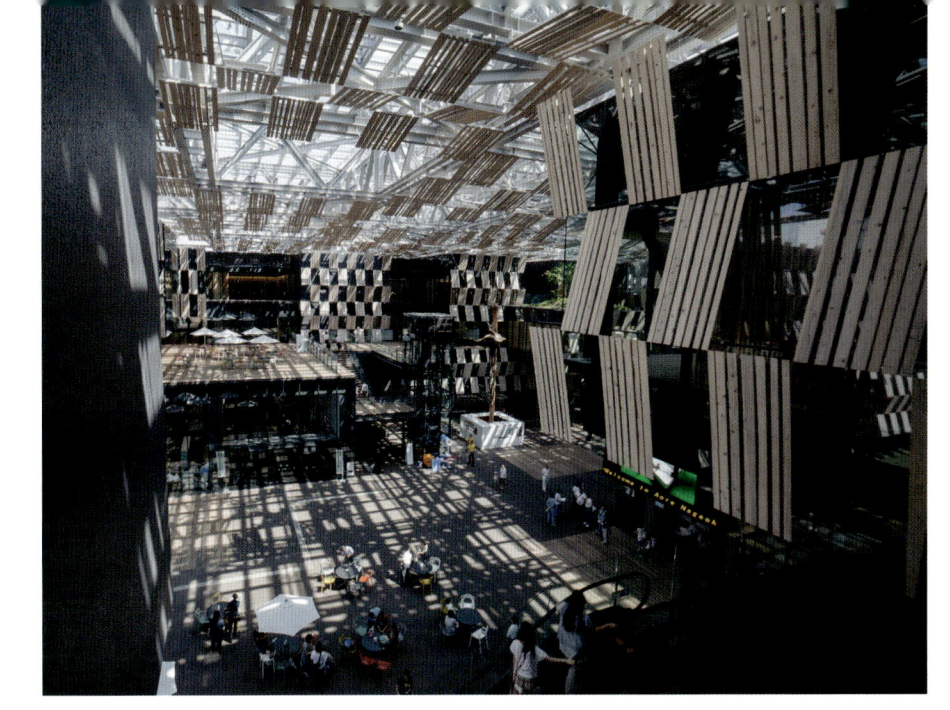

「長岡市シティホールプラザアオーレ長岡」（2012 年）
Photo (c) Mitsumasa Fujitsuka

ブザンソン「CITY OF ARTS AND CULTURE」（2013 年）Photo (c) Guillaume Satre

パリ「コミュニティセンター」（2014 年）
左上／ Photo (c) Nicolas Waltefaugle
右上・左下／ Photo (c) Erieta Attali

新国立競技場完成イメージ

南東側からの鳥瞰図　© 大成建設・梓設計・隈研吾建築都市設計事務所共同企業体

注）パース等は完成予想イメージであり、実際のものとは異なる場合があります。植栽は完成後、約 10 年の姿を想定しております。

新国立競技場スタジアム内観イメージ 　© 大成建設・梓設計・隈研吾建築都市設計事務所共同企業体

南側ゲート外観イメージ
© 大成建設・梓設計・隈研吾建築都市設計事務所共同企業体

注）パース等は完成予想イメージであり、実際のものとは異なる場合があります。
植栽は完成後、約10年の姿を想定しております。

2. 自然資本財を媒介とした都市の変容
―労働生産性から知的生産、社会資本と自然資本の共存を目指して―

話／涌井史郎（東京都市大学特別教授）

　それでは冒頭に、キーノートとして今後の議論の展開のための話題を提供させていただきます。東京都市大学環境学部は、現代的な都市の課題に対し、生態学や熱環境学、社会学的といった多様な視点から研究を展開し、都市や国土の課題を見出しつつその解決の方策についての研究を蓄積し、発信しています。先ほどの隈先生の講話にもありましたように、1960年代にレイチェル・カーソンの「サイレントスプリングス（沈黙の春）」が出版された時代以降、まず公害という環境問題を入り口に、都市を対象にした論議が盛んとなってきました。1961年には都市研究家のジェイン・ジェイコブズの「アメリカ大都市の死と生」が出版され、それを契機に従来の15ブロックに用途純化された都市計画が本当に良いのかという議論が巻き起こりました。その後、ランドスケープアーキテクトのイアン・マクハーグが、「Design with nature」を1960年に出版し、自然と人間とのコミュニケーションをテーマとした計画論や、クリストファー・アレグザンダーが提唱した「パタン・ランゲージ」という手法を以てネイバーフッドとか、コミュニティに焦点を絞った分析や、それに基づいた計画論が。また、ケヴィン・リンチが1966年に出した「敷地計画の技法」の中で述べた、都市の視覚的印象についての議論が我々を大いに刺激してきました。

　しかし1980年代になるとさらに現実的に都市をどういう方向に導くべきかといった思想とそれに基づいた具体論が論議の主流を占めるに至りました。例えば、公共交通を中心に改めて人間らしい貌を持った都市をつくるべきだと主張する「サスティナブルコミュニティ」論がその典型でしょう。やがてそれは米国の都市に起きている多様な要素からなる都市の魅力の崩壊現象を捉え、都市をどう再構築するのかというテーマに踏み出し、それが結集する形で1991年に「アワニー宣言」として問題意識が取りまとめられ、やがて「ニューアーバニズム憲章」への潮流に繋がったのです。

　今、私たちは改めて都市が持続的未来への阻害要因にならぬように、そしてまた環境に配慮すればこそ各々の都市の国際競争力が維持向上できるという共通認識を持つように至りました。

　そうした時間を重ねた都市論の行きついた結論が「大規模機能集約型の都市形成（コンパクトシティ）」への発想転換、つまり自動車に依拠した都市から歩行や自転車を主役に据えたヒューマンスケールな都市を構築し、職住分離から近接に、土地や景観特性、取り分け自然的要素を重視するという大きな方向転換でした。そしてさらにコンパクトシティを実現する上で、自然共生とエネルギー循環という課題解決が必須であると考えるべきなのです。

　そうした方向転換を模索する中で、我々は伝統的な日本の都市に、あるべき思想や具体の空間配置そして社会的システムが存在することに気づかされます。それを具体的な建築物に投影し可視化した作品が、隈先生の新国立競技場の提案です。偶然なのか、はたまた計画的必然故に招致したのかは不明ですが、東京オリンピック開催の2020年は極めて重要な年になります。

　気候変動枠組条約に基づく地球温暖化低減を目指すCOP21（第21回締約国会議）はあの忌まわしいテロ事件が起きた直後のパリで、1997年の京都議定書以来途上国と先進国の対立を乗り越えようやく合意形成に至りました。議定された目標を具体的な行動に移す年が2020年です。また気候変動と共に1992年のリオデジャネイロ・サミットで持続的未来のために議定された生物多様性条約についても、愛知名古屋で開催されたCOP10（第10回締約国会議）で議決された2050年を最終年とする「愛知目標」達成の為、各国が助走を始めるための生物多様性の10年の目標年がやはり2020年です。

　都市を持続的未来という視点から世界的な眼差しに立って顧みれば、多大な環境負荷をもたらしている都市こそが、その負の影響の度合いを大幅に低減する義務があると申せましょう。

　それゆえ、これからの都市にはエネルギーと物質の再生循環や、社会資本と同等以上に自然を資本財として評価し、併せてその評価を社会に具体的に機能させるグリーン・インフラストラクチャーをECO-DRR（生態系を活用した防災・減災）の観点を含め、より具体化させることが必要となります。そうした自然と共生する社会への回帰が自分たちが暮らす街や都市の土地特性を浮き立たせた結果、プライドオブプレイス、街や都市、その場所に対する誇りに繋がり、その繋がりが新たな「共」、つまりコミュニティを再構築し、ヒューマンスケールを重視した人間らしい都市と持続的未来の双方に対する確実な方向を

涌井史郎（わくい しろう）
東京都市大学特別教授

東京農業大学農学部造園学科出身。「愛・地球博」総合プロデューサーなどを歴任。岐阜県立森林文化アカデミー学長、なごや環境大学学長、テレビ番組コメンテーターとしても活躍。2001年国土交通大臣表彰。著書に『景観から見た日本の心』など。

得るための近道となるからです。別な言い方をすれば、そうした方向の具体化は、都市問題を考える我々専門家あるいは研究者の枢要な命題であるとも言えましょう。

そうした観点から、祖先の都市に対する具体の事跡を振り返ってみますと、とりわけ江戸時代に感嘆を禁じ得ない多くの知恵を見出す事ができます。そこには、今直面する課題に対してそれを解決に導く大きなヒントを見出せます。

江戸時代の日本文化の精髄としての桂離宮や、我が国の都市や建築を極めて高く評価したブルーノ・タウトについては、先ほど隈先生に紹介していただきました。多くの外国人専門家もまた、我が国の美と文化の底流そのものが自然共生の思想にあると喝破しています。

我が国のみならずということではありますけれど、地球レベルの危機を脱却し、SDGs（持続可能な開発目標）の2030年目標「誰も取り残されない社会」を実現するためには、まず都市が大きな要因となっている環境問題にいかに取り組むべきかが問われることでしょう。以上、丸めて地球環境の危機と都市の関係をご説明させていただきました。

次に日本国内の危機についてです。最も懸念され、かつ都市にその懸念が投影されている問題が、人口減少と超高齢社会の問題です。つまり、そうした現実が生産年齢人口の縮退に結び付き、結果、経済に悪影響をもたらし、国民総生産を低下させ、経済そのものを縮退させるとした懸念です。そうした近未来の予測に準拠し、国土計画、都市計画をどのようにして進めてゆくべきかという課題です。これについて東京都市大学では別途、持続可能で魅力的な都市のありようを研究する「未来都市研究機構」を立ち上げ、文科省の支援も得て、人も都市も高齢化することを前提に「エイジングシティ」をテーマとして研究が進められようとしています。

さて、話を戻すと、私は正直賛成しかねる政策ではありますが、政府がそうした課題を緩和するために推進している政策は「スーパーメガリージョン構想」というリニアを手立てにした生産年齢人口の集約策、つまり分散型でなく集中型の国土計画です。具体的には2027年にリニア新幹線を主体にした手立てで、名古屋を東京の郊外化できる条件と読み替えられるような集中策です。それにより少しでも生産性を高め、経済の縮退に歯止めをかけようとする戦略を採用しています。

私はそうした政策が、かえって地方の活力を急速に奪いかねなく、むしろ自然共生、とりわけ人が自然の中に暮らし、常に自然に手を入れてこそ美しさと共にある我が国の災害を防備できると信じています。また、経済の視点からもそうしたライフスタイルが残されていればこそ、多くのインバウンドを惹きつける要素となり、かつそうした自然との対話が、日本の工業力の源泉である発想力やそれを具現化する匠の技、そして、近い将来の消費を牽引するであろう感性価値を個性的に磨き上げ、日本国民の文化や芸術性の水準への信頼とリスペクトを生み、その相乗積が力強く将来の経済を牽引すると確信するからです。

リチャード・フロリダが予見するように未来はイノベーティブを牽引するクリエイティビティ抜きにしてはあり得ないのです。また、地方という良質なヒンターランドがあってこそ都市もまた繁栄することを忘れてはなりません。もしスーパーメガリージョン構想といった産業革命の尻尾を残したままの発想で、国土の計画や都市の計画が推し進められたとするならば、それは悲劇と言わざるを得ません。それでなくとも深刻な地方が、さらに極めて難しい立ち位置に置かれることとなりましょう。2050年には、自然減で人口半減の道や県が16も出る予測が公表されています。

このように考えると、東京オリンピック2020年開催の意義は歴史の分岐点として大きな要素となり得るのです。

1936年のベルリンオリンピックで1940年に東京でオリンピック開催が決定されていたのですが、戦争が影を落とし実現できませんでした。しかし、1964年の東京オリンピック開催は、サンフランシスコ講和条約後の日本の復興を世界に示し、平和と日本の経済的な世界貢献への決意を世界に宣明するための一大イベントでした。また別な視点から言うと、その開催を契機に、東京は江戸の名残を消し去り、モンスターのような都市に変貌を遂げたと見ることが出来ます。

そして2020年のオリンピック。その開催の意義と意味はいったい何なのか。改めてそこを深く考えなくてはならないと思います。

オリンピックレガシーという言葉がありますが、改めてオリンピックレガシーの本質とは何でしょうか。IOC（国際オリンピック委員会）の

歴史には不幸な側面がありました。オリンピックが儲かるイベントになったところから、組織の一部が腐敗をしたのです。そうした批判に起因して体制が一新。ジャック・ロゲ新会長がオリンピック憲章を再整理し第2項を加え、「オリンピック開催都市並びに開催国に、未来に託すポジティブなレガシーを残す」という明確なメッセージを打ち出したのです。

その具体的成果がロンドンオリンピックであると評されています。見事なレガシープランを掲げ、それを現実化したからです。産業革命の残渣と言われた会場のイーストロンドンの変貌ばかりではなく、また単にオリンピック施設後の再利用などという矮小化された議論ではなく、英国の地方にまで好影響をもたらすような綿密な計画が練られ、ロンドンの都市間評価もニューヨークを抜き世界一を獲得しました。

つまり、東京オリンピックは、高い志に支えられた都市問題へのメッセージ、世界の都市が抱えている課題解決のモデルを示すぐらいの気概が必要です。

それでは東京は、どのような「レガシー」を掲げ、未来に託すメッセージを具体化するのでしょうか。その視点が前に述べさせていただいた、建築物も都市の構造も経済の在り様も、しっかりと自然共生と物質とエネルギーが再生循環した日本の都市の伝統を進化発展させ、東京モデルとして世界に発信すべきという考え方なのです。

とはいえ、都市を巡る自然との調和という側面においても、大陸国家群の都市と日本の都市とでは大きな違いがあります。隈先生のメッセージにもありましたが、西洋の都市は城壁の中にあり、日本の都市は緑の中にあります。

都市を巡る多様な側面を念頭に、都市は文明の象徴であるべきなのか、あるいは自然と対話し、共存共生するべき存在なのかを、私は恥ずかしいことに回答を得られず、常に煩悶しています。

そこで例えば「国」という字の意味を改めて考えてみましょう。隈先生の都市の類型の違いをヒントに、都市の大きな違いを「国＝國」という字が教えてくれます。國という字は、城壁の中に矛を持った人々が描かれています。その意味は、城壁を超えて侵入する敵に対して市民が一体となってこれに対応するという意味なのです。つまりそれでここに「公」の発見が生まれました。公という字の成り立ちそのものが、同じ場所を共有するという記号文字であると言われています。

「公」という意味は、権利も主張するけれど義務も遂行する。城壁を超えたら虐殺されるので、市民というものには、権利もあるけれど義務もある。共有するという公の意味には、そうした意味が隠されています。その意味を後程、森田俊作社長に解き明かしていただけるはずです。森田説では「抱え込んでいるものを開かしてゆく」という意味を含んでいると仰せです。

さて、話題を日本という国に戻して考えてみることにしましょう。我が国は自然共生・再生による循環型社会としての歴史を刻んできました。江戸という都市は都市城壁を持たぬ代わりに、外周部を里山に、その内側に社寺林や見事な大名庭園が舌状台地に設えられるなど、緑に囲まれた都市でした。人口密度には武士階級と民衆では大きな差があり「八っつぁん・熊さん」が住んでいた江戸の下町はなんと1ha当たり890人という超過密な状態でした。現在の東京のha当たり人口103人を前提に考えるとその超過密ぶりがわかります。しかし欧州諸都市のように、この過密ぶりでありながら、伝染病で都市人口の三分の一に犠牲が出るようなことは一切起きませんでした。

なぜなのか。それは、まさに自然共生・再生循環型社会であったがためといっても過言ではないでしょう。例えば江戸川柳に「大家は店子の糞で持ち」というのがあります。人々の排泄物ですら循環の対象であり、大家が「八っつぁん」から家賃が入らなくても「悉皆屋」に売って収入が得られたからです。人々の排泄物は、見事に野菜や海苔として蘇りました。同時に災害についても見事なコミュニティと自然資本を利用した災害対策のシステムがそこにありました。例えば、橋詰や火災発生が懸念される場所に「広小路」という日除け地を設置し、避難や物理的防火機能を持たせたり、鎮守の森のような樹林を焼けどまり機能として位置付けるなどの防火策が講じられていました。またソフトとしては「いろは」48組の「まち火消し」「大名火消し」など常備的火災対策組織を置き、かつコミュニティの力により、様々な災害を防止するための仕組みを作ってきました。そうしたコミュニティの結束を高め、非常時の対応力をつけるために「祭り」も上手に利用してきたのです。これは平時の防災訓練のためといってもよいでしょう。

確かに歴史を振り返れば、都市に大きな災害が起こるとその後になぜか「祭り」が興きています。京都の祇園祭りも東西に分かれた応仁の乱の後に興きたものであり、神田祭も江戸の振袖大火の後に興きました。

こうした優れたシステムと空間配置を持っていた江戸に着目をしたのは我々ばかりではありません。我々の先輩たちもまたそうした認識を強く持っていました。そして何回も、取り分け地震災害や戦災からの復興都市計画において、グリーンインフラとして多面的機能を担った江戸の緑地システムを取り戻そうと試みたのです。関東大震災、太平洋戦争後の戦災復興などがそれでしたが、残念なことに、江戸から東京に移る過程の中でも都市には緑があることが当たり前と受け止められ、計画的に担保したり創出したりする方向感を持てぬままに推移してしまいました。終いにはパブリックの概念として、緑を都市計画上

に設えるという戦略を置き忘れたような状況が続き、それよりも経済に貢献する空間利用へと駒が進められてしまいました。

それに引き換え欧州の場合には、逆に緑が無いが故に、産業革命に起因した公害や公衆衛生上の課題が噴出し、ついには城壁を壊して環状緑地帯を作り、計画的に公園や緑地を作りだす方向が近代都市であるという認識が諸国に通底していったのです。その違いに、今我々は苦しんでいるとも言えましょう。

世界を見てみますと、「アワニー宣言」と「ニューアーバニズム」に象徴されますが、都市の緑を切り分けて、都市の力を都市の大きさ、空間量で示す。いわば職住分離による都市づくりの方向から一転。改めて大規模に都市の機能を集約し、都心の人口密度を職住近接の考え方により引き上げ、その傍らで、郊外部はもとより、都心部にも緑を取り戻す。その空間戦略に低炭素を考慮し、自動車を可能な限り都心から排除する「TOD」。すなわち公共交通機関に都市内の移動を委ねる。実は、こうした方向を良く考えると、基本的考え方は先に申し上げた日本の都市の歴史の中で伝統的に息づいていた戦略ばかりと言えないこともありません。自然共生と物質とエネルギーの再生循環戦略を持っていた日本のかつての都市像に、ようやく世界がシフトしてきたとも考えられます。それだけに本家の我が国の都市が、そうした方向を都市に明確に投影し、顕在化させることが世界に対する義務とも言えましょう。

「モータルシフト」。つまり自動車を都市の主軸に据えた都市計画。一人当たりのガソリン使用量が多く、人口密度の低い都市より、一人当たりのガソリン使用量が少なく、人工密度が高い都市の方が良いという姿が、環境とライフスタイルを重視した近未来の都市像と言えるでしょう。そして緑が豊かで、自転車や歩いて町を楽しめ、程よいコミュニティが存在するのが我々が目指す理想の都市像と申せましょう。

例えば、ニューヨークのウエストサイド地区には、食料を主体とした倉庫群が蝟集し、そこに向け高架鉄路が敷かれ貨物車で輸送していました。打ち捨てられていたその高架鉄路を取り壊さず、「ハイライン」という緑道に変えたことでニューヨークが蘇っていますし、韓国ソウルの「清渓川」も、そこに敷設されていた高架高速道路を取り壊し、流れを復活させることによって、見事な自然再生を果たし、同時にソウルの国際競争力を飛躍的に高める成果を得ています。

緑の都市の実現について、これまで都市環境の緩和対策という観点から社会資本としての側面ばかりを強調しがちでした。しかし、経済のグローバリズム。とりわけコンピュータを介在させた第4次産業革命の時代には、社会資本の性格と共に、グリーンインフラ、つまり環境問題に対する工学的な緩和処置ではない、日常的に環境問題を意識

するライフスタイルと、自然資本を活用した適応戦略が重要と言われています。そうした都市のありようが結果として第4次産業革命の宿命ともいえる勤労者の心理的ストレスの減少に効果をもたらすなど、国際性を備え、競争力を持つ鍛えられた都市像を獲得できるのです。

それゆえに、改めて自然資本に配慮しつつイノベーションに柔軟に対応できる社会資本の充実と国際性を兼ね備えた都市の形成に向け、SDGsの目標を前提とした持続的な未来への貢献のための戦略を抽出することは極めて重要です。加えて、豊かな自然資本がもたらす自然災害に対し、レジリエンスの高い都市をどうつくってゆくのかというファクターも非常に重要な課題と言えましょう。

我々はこれまでの都市の評価を、ハードなインフラ。つまり緩和戦略的側面に立脚した道路や鉄道などの交通機関、下水道、公園などの生活環境の社会資本の量的整備水準などを指標として評価してきた歴史があります。しかし現在は、超高齢化や、脆弱化する一方のコミュニティ、気候変動の影響による激甚化する災害に加え、急速に整備を果たしてきたグレー系の社会資本の劣化など、近未来の都市が晒される厳しい現実が予見されます。それゆえに、こうした状況に対し新たな都市の評価指標が求められるのではないでしょうか。そうした中で、旧来のものづくりだけに偏した経済生産力と不可分な都市の形態の追求から、コトとモノが融合した感性やライフスタイルがもたらす新しいリバブルな都市像を希求する時代になってきたと思います。

それだけに、公に依存した都市構造から脱却し、リバブルな都市創造のために、市民社会が主体となって、自らが担う新たなる「共」を創出することが重要であることにも気づかせていただきました。

近未来の都市の在り様を、こうした新たな視点から創出するためのKPI、都市評価の指標が求められようとしています。

この連続したセッションを通じ、多様なステークホルダーを代表する皆様や会場の方々から頂いたキーワードを編集しつつ、近未来の都市像やそこに至るための課題や、問題解決や切り口を見つけ出すのがこの講座の大きな目論見です。

都市は直接生産の場から知的生産の場へと大きく変わろうとしています。こういう潮流を踏まえ、私たちはどういう風に都市の環境や建築や技術を考えてゆくべきなのかを仮説として置き、前提としながら、様々なお話を進めさせていただきたいと思っています。どうぞよろしくお願いいたします。

3. 大和リースは、「儲かるかどうかではなく、社会が何を必要とするか」で事業をする

話／森田俊作（大和リース株式会社 代表取締役社長）

お二人の先生方の非常にためになる小難しい話をいただきました。私の話はためになるかどうかわからないので、先ほどの休憩中にトイレに行けなかった方はぜひ行ってきてください。

今日は、「未来の環境都市」をどう考えるのかについて、当社が事業で行っている「まちづくり」や「都市環境」について事例を挙げながら話をさせていただきます。

大和ハウスグループはよくわからない会社で、数だけはべらぼうにありまして事業領域は 40 くらいあります。今、スライドにはグループビジョンや売上などが表示されていますが、形式ばったものなので飛ばして次に行きましょう。大和リースという会社は少々変わっておりまして、グループ内の売り上げは 6％くらいですが、決して大和ハウスの脛をかじっている訳ではないという会社です。大和ハウスグループ166 社のうちの唯一の兄弟会社と、グループ CEO の樋口会長から言われております。

当社は大きく分けて、規格建築、流通建築、環境緑化、リーシングソリューションの 4 つの事業領域を手がけています。

まずは、大和リースといってもご存じない方もいると思いますので、皆さまが知っていると思われる事例をご紹介します。これは長野県で発生した地震の際に建てられた白馬村の多雪用応急仮設住宅です（写真 1）。今年春（2016 年 4 月）に発生しました熊本地震（写真 2）や東日本大震災などにおいても応急仮設住宅を建設しており災害対応の役割を担っています。

次にご紹介しますのは、PFI 事業[1] の「筑波大学の学生寮（写真 3）」です。PFI は現在 15 の SPC[2] を作り事業をしていますが、ここは、500 名収容の学生寮を建設・運営しています。

神戸市では PPP 事業[3] として、北区役所と民間の商業施設（写真4）が同じ建物に入った施設を神戸電鉄の「鈴蘭台駅」に直結する施設として建設しています。上階部分が北区役所で、下階部分が商業施設であり、中間部分を公園のような場所をつくり「区役所」と「商業施設」を区分した 1 棟の施設を創ろうという計画でした。しかしながら、公園の管理者は誰がやるのかという問題になり、残念ながら公園部分が小さくなってしまいました。

次の事例も、商業施設と公共施設の複合事業を茅ヶ崎市で行った例です（写真 5）。これは、UR（都市機構）が開発した団地の高層化による再生事業の一環で、当社が UR から土地を借り事業を行っています。この施設には保育園を併設していますが、昨今は子供の声が「騒音」だと言われておりまして保育園や幼稚園などが住宅地で敬遠されるようになってしまいました。そこで、自治体とも防音壁の設置について協議しましたが、前例がないということで成立しませんでした。しかし、「公共」とか「民間」だとかに拘らず必要なことはやるべきだと思い大和リースが自費でやることにして、当社の壁面緑化システムを「防音壁」として使用し、音量を 10 デシベル程軽減することができました。周りの不動産価値も維持し都市環境を改善する一つの方法であります。

これは、商業施設内に市民の方が利用するガーデンを作った事例です（写真 6）。この施設は、「Frespo 恵み野」という施設で北海道の恵庭市に在ります。恵庭市は日本のオープンガーデン[4] 発祥の地であり、ガーデンシティを掲げています。この場所にふさわしく市民に使っていただくガーデンを造りました。民間の会社は、金儲けのことしか考えていないかというと必ずしもそうではありません。このような活動も行っています。

次は、駐車場事業です。地主さんが持っている土地は、商業施設に向いている土地もあればアパートに向いている土地や駐車場が向いている土地もあるわけです。では、それらを全部引き受けようということで始めた事業です。これは秋葉原の駐車場（写真 7）ですが、どこもかしこもコインパーキングだらけで数字ばっかり書いてある看板がやたら目立ち、都市景観として本当にそれでいいのか大いに疑問でした。そこで、コインパーキングらしくないものをつくってやろうと思い、場内や隣地の境を緑化したと同時に駐車場の一部を削って日本庭園を作り、駐車場が直接見えないようにしました。それでたくさん駐車してくれれば良いのですが、実はそんなことはありません。儲かれば良いのかというとそうでもないでしょう。秋葉原には多くの外国人が来ますが、ただ来て帰っていくだけで良いのでしょうか。日本に来ればさすがに日本庭園らしきものがあったと思って帰ってもらうような仕掛けがあっても良いのではないでしょうか。因みにここは賃貸期間が 6 ケ月で、期間のわりにお金のかけすぎですと社員に一斉に止められました

森田俊作（もりた しゅんさく）

大和リース株式会社
代表取締役社長

1955 年生まれ。79 年大阪経済大学経済学部卒業後大和工商リース（現・大和リース）入社。規格建築事業部長、流通建築リース事業部長を経て 2008 年 4 月に代表取締役社長に就任し、現在に至る。

1. 白馬村応急仮設住宅

2. 熊本地震応急仮設住宅

3. 筑波大学グローバルレジデンス

4. 鈴蘭台

5-1.BRANCH 茅ヶ崎

5-2.BRANCH 茅ヶ崎 / 保育園

6.Frespo 恵み野

7. 秋葉原駅前駐車場

がやりました。そしたら、地主さんから良い駐車場だからということで、さらに6ケ月延長されました。なにがどう転ぶかわかりません。

緑が非常に少ない大都市において、いかに緑を増やすかの試みを数例紹介します。

これは、大阪の梅田にある「大阪マルビル」を緑化した事例（写真8）ですが、コンクリートで有名な先生とグループ会長の樋口が「マルビルを樹みたいにしましょう」という話になり、「都市の大樹」というテーマで取り組みました。現在では、繁茂も進み「樹木」に近づいてきました。

これは、新大阪駅で行った事例ですが（写真9）、3階のコンコース、タクシー乗り場になっている場所が殺風景なので緑化しました。大阪府のネーミングライツによる民間資金での緑地整備で「大和リース／大阪花屏風（おおさかはなびょうぶ）」と命名しました。大阪の玄関口にふさわしい場として、80種におよぶ大阪の在来種だけを使用し大阪の自然環境なども紹介しています。これは、環境緑化事業部でやりましたが、環境緑化といっても「造園や園芸」をやるわけではありません。今までの業態だと奥行きも広がりもありません。それが我々だと事業者なのでこういうことをやるわけです。環境緑化事業部では、このような太陽光発電事業（写真10）もやっていまして、ほぼ100メガワットまでやりました。これからはバイオマスにも取り組みます。

大和「リース」ですから、リーシング ソリューション事業部でリースも行っています。

もう少しみどりが都市と共存する方法をご紹介します。

駐車場と「みどり」を融合した事例をご紹介します。福岡空港駐車場（写真11）と前橋駅前の駐車場と駐輪場を一体整備した例（写真12）です。壁面や内部を緑化しています。

ここで、日本の都市の緑化環境について話したいと思います。森林が概ね70%を占める日本という国ですが、都市にはみどりが少なすぎます。欧米の大都市であるニューヨークやパリでは緑被率※5 が30%、一方東京で概ね20%、大阪にいたっては9%です。これは、おかしいと思いませんか。日本らしくないと思いませんか。あらゆる方法で都市のみどりを増やしていかなければ、暮らしやすい「未来の環境都市」は実現しません。前橋の北口に作ったものですが、駐車場へのみどりをもっと付けようということで内外を緑化しています。この写真の奥側が駐輪場になっていまして、駐車場と駐輪場が別々である理由がないので一緒にしました。この駐輪場は機械式で、10秒程度あれば格納してしまいます。

都市の緑化では、先ほどご紹介した新大阪の大阪花屏風を始め、都市緑化機構が主催するコンクールでの受賞やSEGES認定※6 をいただきました。改めて言いますが、大和リースは園芸屋でも造園屋でもありません。しかし都市緑化機構から賞をいただきました。この、数年前にある人が「みどりは都市の化粧道具ではない」と言いまして、いいことを言うなと思いましたが、この方は関口宏さんの番組でコメンテーターとして出ていましたね。

建築家の鈴木エドワードさんが設計したテナントビル「VENT VERT」（写真13）の壁面緑化は、市松模様のデザインで、表裏を緑化しました。表側で街にみどりを提供するとともに裏側も緑化して入居者にもみどりを体感できるようにしました。化粧だけではないみどりです。

これは、神戸市の「BRANCH神戸学園都市」（写真14）という施設です。認証などを受けることを意図せずに緑化しましたが、後から生物多様性の評価をする「JHEP」の認証を受けました。前もって計画せずに認証を受けた数少ない例だそうです。

また、大阪府吹田市の千里山の駅前施設（写真15）では、3階までの吹き抜け部分に大規模なみどりの柱を作りました。この緑化はもちろん自費でやりました、継続させることが重要なので当社が維持し続けています。

千葉市にある当社商業施設「Frespo稲毛」（写真16）では、アスファルト部分がうっとうしいので1000坪分剥がして、公園を作りました。今では、みどりのオープンテラスになっています。こんなことをするのは大和リースだけだと思います。企業収益を考えると賃貸床面を増やした方が良いのですが、ここではあえて緑地をつくり、来店者に憩いの場所を提供するだけでなく、付近の住民の方々にも自由にくつろげる場を提供し、地域と共にある商業施設を目指しました。結果的にこの商業施設の収益は向上しています。このようにあらゆる施設にみどりを設置し、いっぱいのみどりにしようと会長の樋口が言っていますが、だからと言って業績を悪くしてはならない、業績もいっぱい増やせとも言われています。

次は、「みどりはいいね」だけでなく、みどりは都市環境の改善にも役立つことをお話します。

国土交通省の助成で大和ハウス工業とグループ会社のフジタと当社の3社共同で行った実験では、植物基盤に空気を通過させることによって、常駐するバクテリアなどの機能もありPM2.5などを低下する機能があることが結果として得られました。

これは、またまたサンデーモーニングに出演している方が「植物に

8. 大阪マルビル

9. 大阪花屏風

10.DREAM Solar 和歌山市

11. 福岡空港駐車場

12. 前橋 Parking

13. 麻布十番プロジェクト

14.BRANCH 神戸学園都市

15.BiVi 千里山

よる土壌汚染除去の方法でファイトレメディエーションというのがあるぞ」というので、工業地域や埋立地などのブラウンフィールドに植物による土壌浄化を導入しようと、東京都市大学と共同研究を始めました。(写真 17)。

これまで、緑化などによる都市環境について話してきましたが、ここからは当社の「まちづくり」や「社会環境」の改善に関する事業を紹介します。

冒頭に応急仮設住宅のお話をしましたが、今は、緊急から応急、応急から復興という時間軸があると思います。しかし緊急の役割を持つ者、応急の役割を持つ者がその範疇だけで終わりにしていいかというと、違うと思います。病院で専門医をたらいまわしにされていることと一緒で、我々は継続して受け持つ看護師みたいにやろうということで緊急から応急、復興まで携わっています。それで、被災地の大船渡市においてエリアマネジメントパートナー※7 として、時間を繋ぐために復興まちづくりをお手伝いしています。(写真 18)。

これは、「Frespo 飛騨高山」という施設ですが、高山という土地柄で伝統の家並をこわさないように和風で造りました。これを造る前に隈さんに知り合っていればもっと良いものができていたかもしれません。この商業施設の管理はほぼ地方の方たちでリプレイスしています。ここでは、商業施設のあらたな活動として地域住民の皆さまといっしょにまちづくりや地域の安全・安心を守るため「まちづくりスポット」(写真 19)という地域の NPO を支援する NPO を立ち上げ、その活動場所を作りました。商業施設にテナントというものを並べてきましたが、これからはもっと地域に役立つ「コト」を起こそう、地域のコミュニティを再生しようということで始めました。現在では、6 ヶ所の商業施設に設置しています。戦後、地域のまとめ役を担っていたお巡りさんや学校の先生などはその役割が小さくなり、家庭ではお父さんの地位が下がり、「家」という核が希薄になりました。また職住近接も少なくなり、住宅の高層化が進み町内会活動も行われなくなってしまいました。今風のコミュニティということではなく、そんな壊れかけたものをもう一度繋ぎ合わせようという試みです。

次に、社会の困りごとを少しでも解決しようということで行っているリース、レンタルについてお話します。農業は従業者の高齢化や新規就業者が伸び悩み衰退していくことが予想されています。農業の衰退は地域経済をいためることにもなり、国家的、社会的課題であります。この農業用 I T センサ (写真 20) は、温度・湿度など農地の状況を遠隔監視できるだけではなく、「アグリノート」というシステムでデータの蓄積ができ、作物の育成状況を記録することにより、科学的なアプローチができるとともに「GAP 認証※8」も取ることが可能です。この記録で農業の達人などのノウハウを継承することもできるようになります。農業技術を伝え、効率的にすることは課題解決につながると考え、「ベジタリア」という会社に出資し販売連携をしています。さらに高齢化社会を迎え介護の重要度が高まる中、歩行支援ロボット「HAL」を数十台、癒しを与えるアザラシ型ロボット「パロ」(写真 21) も数十台レンタルしています。また、難聴者用スピーカや自動排泄ロボットなどもレンタルしています。

大和リースという会社は、冒頭でお話ししましたように、応急仮設住宅の供給という災害対応の役割を持っていますので、緊急の時間軸でも何かできないかということで、建築家の坂茂さんが行っている避難所の簡易間仕切りの供給活動を支援しています。(写真 22)

これまで「まちづくり」や「環境都市」を中心に事例をあげてお話ししてきましたが、大和ハウスグループは、創業者石橋信夫の教えによって、我々は「事業を通じて人を育てる」、我々は「何をやったら儲かるかで事業をするのではなく、これからの人が必要とするもので事業をする」、今起きている課題や問題を解決する製品や事業を提供する、いわば「公の精神」で事業を起こしています。説明しきれないこともありますが、どうぞ大和リースという会社、大和リースが行う事業にご注目ください。

※1：PFI：プライベイト・ファイナンス・イニシアティブの略。PFI は、PPP の代表的な手法の一つ。公共施設等の設計、建設、維持管理及び運営に、民間の資金とノウハウを活用し、公共サービスの提供を民間主導で行うことで、効率的かつ効果的な公共サービスの提供を図るという考え方。
※2：SPC 特定の資産を担保にした証券の発行など、限定された目的のために設立された会社のこと。
※3：PPP：パブリック・プライベート・パートナーシップの略。公民が連携して公共サービスの提供を行うスキーム
※4：オープンガーデン：個人や店舗の庭を一般公開すること
※5 緑被率：一定の広がりの地域で、樹林・草地、農地、園地などの緑で覆われる土地の面積割合で自然度を表す指標の一つ。
※6：社会・環境貢献緑地評価システム．民間企業・団体による所有地の緑化及びその保全活動について評価・認定する制度。
※7：エリアマネジメント・パートナー：特定のエリアを単位に、民間が主体となって、まちづくりや地域経営（マネジメント）を積極的に行おうという取組みにおいて地元推進組織の運営に協力してエリアマネジメント事業の具体化を図っていく民間事業者を指す。
※8：GAP 認証：食の安全や環境保全に取り組む農場に与えられる認証
■文中の数値等は、平成 28 年 6 月 4 日現在のものです。

16.Frespo 稲毛

17. 土壌汚染研究

18. キャッセン大船渡

19. まちスポ飛騨高山

21. パロ

20. フィールドサーバー

22. 簡易間仕切

第 2 章 自然と共生し豊かに暮らせるまちづくりとは

保坂展人 / 世田谷区長

平原敏英 / 横浜市副市長

岩村和夫 / 東京都市大学名誉教授

佐藤真久 / 東京都市大学環境学部教授

大西暁生 / 東京都市大学環境学部准教授

産業革命以後、世界的に消費文明に偏り、車社会を典型に、膨大なエネルギーを都市に投入した結果、レッセフェールな都市が出現。その結果、風土と伝統に導かれた「自然と共生し、豊かに暮らせる（日本の）まちづくり」の方向が喪失される危機に瀕している。こうした状況について、風土と伝統を活かした環境建築の第一人者である本学名誉教授 岩村和夫と、本学との地域連携を推進されている行政の立場から、世田谷区長の保坂展人氏、横浜市副市長の平原敏英氏をお招きし、テーマを探ってみました。

1. 89万人のコミュニティデザイン

話／保坂展人（世田谷区長）

1. 人口

総務省が発表した人口動態調査（平成28年1月1日時点）で、東京都内の日本人人口が5年ぶりに自然増に転じたという記事が日本経済新聞に掲載されていました。世田谷区は、自然増1,584人、社会増6,183人でいずれも増加数は23区最大でした。区の人口は増加傾向にあり、今年（平成28年）5月、89万人を超えました。

2. 子ども政策

世田谷区は、5歳以下未就学児童が900人ずつ増えています。15歳までの年少人口は10万人を突破しています。世田谷区は平成27年に「子ども・子育て応援都市宣言」をしました。宣言の一部をご紹介します。「子どもは、未来の希望です。今をきらめく宝です。大人は、子どもにとっていちばんよいことを選び、のびのびと安心して育つ環境をつくります。世田谷区は、区民と力をあわせて、子どもと子育てにあたたかい地域社会を築きます」。この「子ども・子育て応援都市宣言」に基づき、平成28年度一般会計予算約2905億円の内、26.5%にあたる約768億を教育・保育・子育て支援の予算に充てました。

待機児童解消に向けては、平成23年度の区長就任以来、平成28年4月までに保育施設を約60箇所増設するなど約4,700人分の保育定員の拡大を図りました。

3. 若者支援

世田谷区の中高生世代活動支援モデル事業として、平成25年6月から平成26年2月末までの期間限定で千歳烏山駅前に「中高生世代応援スペース・オルパ」を開設しました。お弁当を食べたりおしゃべりができるフリースペース、音楽室、ダンス室、ゲーム室などがある家でも学校でもない第3の居場所としてオープンしたものでした。12月末までの7ヵ月間に、1日平均約30名、延べ4,900名の生徒が利用しました。運営はNPO組織にした大学生が見守っていました。

平成26年度、「世田谷区青年の家」は、若者を中心とした多世代交流および若者の活動を推進するための拠点「世田谷区立野毛青少年交流センター」として新しく生まれ変わりました。

平成27年度には改修工事を実施し、新たな宿泊事業を開始しましたほか、大学生世代の「居場所づくりプロジェクト」や、これまで社会につながる機会の少なかった若者たちによる「カフェデザインプロジェクト」などの活動を始めました。平成28年度からは、若者たちの自主企画プロジェクト「ノゲセイトライアングル」などの活動も開始し、現在、多くの利用者がセンターに集い交流しています。

4. 子どもの人権擁護

いじめは自殺など深刻な問題を引き起こしていますが、ピンチに陥る子どもの立場に立って、校長先生や心理カウンセラーの方などとも協議しながら、いじめのブレーキをかけ、自殺等の危機から救っています。正式には「世田谷区子どもの人権擁護機関」と言います。通称は「せたがやホッと子どもサポート」、略して「せたホッと」です。

「せたホッと」は、「世田谷区子ども条例」に基づいて設置された第三者機関で、世田谷区に住んでいる子ども、学校や仕事で世田谷区に通っている子どもの権利侵害があったときなど、問題の解決のために子どもをサポートする機関です。「なちゅ」というキャラクターで認知され、専任のカウンセラー4人と合わせて10人でサポートしています。

5. 児童養護施設退所者支援

世田谷区内に児童養護施設は2か所あり、日本で最も恵まれています。18歳まで施設で養護しますが、18歳以上は施設を出てアルバイトか就職をして自立します。進学する子どもは3割ですが、進学してもその7割は中退してしまいます。これは、学業と就労の両立が大変厳しいからでもあります。そこで区は、こうした厳しい状況にある子もたちを応援するために、平成28年度に「児童養護施設退所者等支援事業」をスタートさせました。その一つが、返済する必要の無い一人36万円の給付型奨学金で、今年度は11人の子ども給付を受けました。あわせて奨学基金をつくり、広く寄附を募ったところ大変大きな反響をいただき、平成28年7月の時点で寄附額は1千万円を超えました。この他の支援として住宅支援があり、区営住宅の空き室を家賃1万円で住んでいただいています。

保坂展人（ほさか のぶと）

世田谷区長

宮城県仙台市生まれ。教育問題を中心にジャーナリストとして活躍。1996年衆議院初当選、3期11年務める。2011年4月より世田谷区長（現在2期目）。「参加と協働」による住民参加と、持続可能な社会を目指し環境に配慮したまちづくりを進める。

千歳烏山駅前にあった「中高生世代応援スペース・オルパ」

重視すべき主要な取組み

喫緊の課題である地球温暖化の緩和と適応に向けた取組みと、温室効果ガス排出の根底にあり、かつ私たちの暮らしに不可欠なエネルギーの問題を重視すべき主要な取組みに位置づけ「住まい・まち」、「暮らし」、「人材・地域のネットワーク」の側面から施策を展開します。

視点❶ **自然の力を活かした
　　　　"住まい・まち"の地球温暖化対策**
- みどりとみずを保全し人の暮らしと調和した地域をつくる
- 地域資源に着目した自然エネルギーの活用拡大
- 環境負荷が小さく、長く住みつなげる住まいづくり
- 自然エネルギーの防災への活用

視点❷ **環境負荷の小さい
　　　　"暮らし"（ライフスタイル）や移動の実現**
- 小さなエネルギーを賢く使う暮らし
- シェアで生み出す地域の環境
- 人と環境にやさしい移動の実践

視点❸ **環境と共生する豊かな未来を築く
　　　　"人材・地域のネットワーク"の活用**
- 環境共生社会を創造する技術・イノベーションの発信
- マッチングや情報発信
- まちづくりを促進する人材の育成

 ## 実現の方策　～環境について学び、環境に配慮した行動を実践する～

区民の役割 … 環境について学ぶことに努めます。自らが環境に負荷をかけない生活を心掛け、ごみを減らす、家電製品等のこまめな節電を行うなど、日々の暮らしに根ざした行動に取り組みます。太陽光発電などの再生可能エネルギーや省エネルギー機器を可能な限り生活に取り入れ、率先して環境活動に取り組みます。

事業者の役割 … 環境に関する法令を遵守します。省エネルギー、省資源、ごみの排出抑制など、できることから環境への取組みを積極的に進めます。

区の役割 … 環境情報の提供、環境学習・環境教育の推進、環境保全活動の支援を通じて、区民、事業者の環境配慮行動を促進します。区内最大の事業所として、環境負荷の低減に努めます。

 ## 環境行動指針

世田谷区のめざす環境像と5つの基本目標の実現には、一人ひとりの区民、それぞれの事業者が日常生活や事業活動の中で環境に配慮した行動を進めることが必要です。そのための指針となる、区民、事業者の環境行動指針を示します。

編集・発行 世田谷区環境総合対策室環境計画課

〒154-8504　東京都世田谷区世田谷4丁目21番27号
TEL 03-5432-2272　FAX 03-5432-3062
http://www.city.setagaya.lg.jp/

 VEGETABLE OIL INK

(2015.03)

6. 空き家活用

　私が主催する政策フォーラムでは、若手の建築関係、デザイナー、空き家のリノベーションに興味のある人、区の職員などで、空き家研究会を作り、1回3時間で10回の会議を開きました。世田谷区では空き家や空室等の活用モデル事業を募り、モデルとして平成25年度に採択された「シェア奥沢」は、築約90年の民家が助成金等により耐震化され、コミュニティスペースとして、食事会、コンサートなどさまざまなイベントが開催されています。

　世田谷区では、空き家や空室等の改修費用として一件あたり最大300万円の助成金を用意し、空き家や空室等を使ってほしい人と使いたい人を繋げるマッチング事業も行っています。

7. エネルギー施策・自治体間連携

　神奈川県三浦市にある区有地（世田谷区立三浦健康学園跡地）に、「世田谷区みうら太陽光発電所」を開設し、平成26年3月から発電を開始しました。20年リースで太陽光発電設備を作り、再生可能エネルギー固定価格買取制度を利用して、区から小売電気事業者へ売電しています。売電収入からリース料を払っても、平成26年度の収益は約800万円ありましたので、世田谷区の持ち出しは実質ゼロです。この収益は、省エネ促進の取組み等に応じて区内商品券と交換できる「省エネポイント」を提供する区の環境施策に活用しています。

　世田谷区は全国の地方自治体と連携してお互いの課題解決や共存共栄を図ることを進めております。夏の「せたがやふるさと区民まつり」には約40の交流自治体が集まり、特産物などの販売やPRに来ています。また群馬県川場村とでは、都市と農村との交流を通して、相互の住民と行政が一体となって村づくりをすすめていこうという趣旨で、昭和56年に「区民健康村相互協力に関する協定」（縁組協定）を締結しました。この一環として、川場村の森林で発生する間伐材を活用したバイオマス発電事業を通じて、相互の更なる交流の活性化に寄与することを目的とし、平成28年2月15日に「川場村における自然エネルギー活用による発電事業に関する連携・協力協定」を締結し、電力という新たな分野での連携に向けて準備をしています。

8. 地域包括ケア

　世田谷区は、27ヶ所にまちづくりセンターという、地域密着型の地区行政施設があり、地区防災機能の強化や「福祉の相談窓口」を各地区に設置するなどの地域包括ケアの地区展開を推進しています。「福祉の相談窓口」は、まちづくりセンターとあんしんすこやかセンター（地域包括支援センター）、社会福祉協議会の三者で身近な相談に応じる新たな取り組みです。あんしんすこやかセンターは、高齢の方々が住み慣れた地域でいきいきと暮らせるように様々な支援を行うための身近な相談窓口を作っています。あんしんすこやかセンターや社会福祉協議会などがフロントで気軽に話をして、顔と顔が見られる関係づくりをし、地域の中で過ごしていける新しい福祉の形を目指しています。また、住民グループが生き生きと活動できる場を創造していきます。

9. 区民参加

　おまかせ民主主義から参加型民主主義に転換することが必要です。地区におけるまちづくり活動について地域住民と直接意見交換をする「車座集会」を区内27ヶ所で開催しました。また、世田谷区基本構想を策定した際は、無作為抽出方式で、1200人の方に招待状を出しました。10代から70代までの88人が集まり、朝の10時から夕方5時まで議論しました。普段地域の集まりや区の行政情報に接しない人々が行政に頼らないので自分たちに場と諸条件を与えてくれたら、自分たちで受けると発言してくれました。

「シェア奥沢」空き家活用モデル事業

「シェア奥沢」のコミュニティスペースでのイベント

世田谷区みうら太陽光発電所

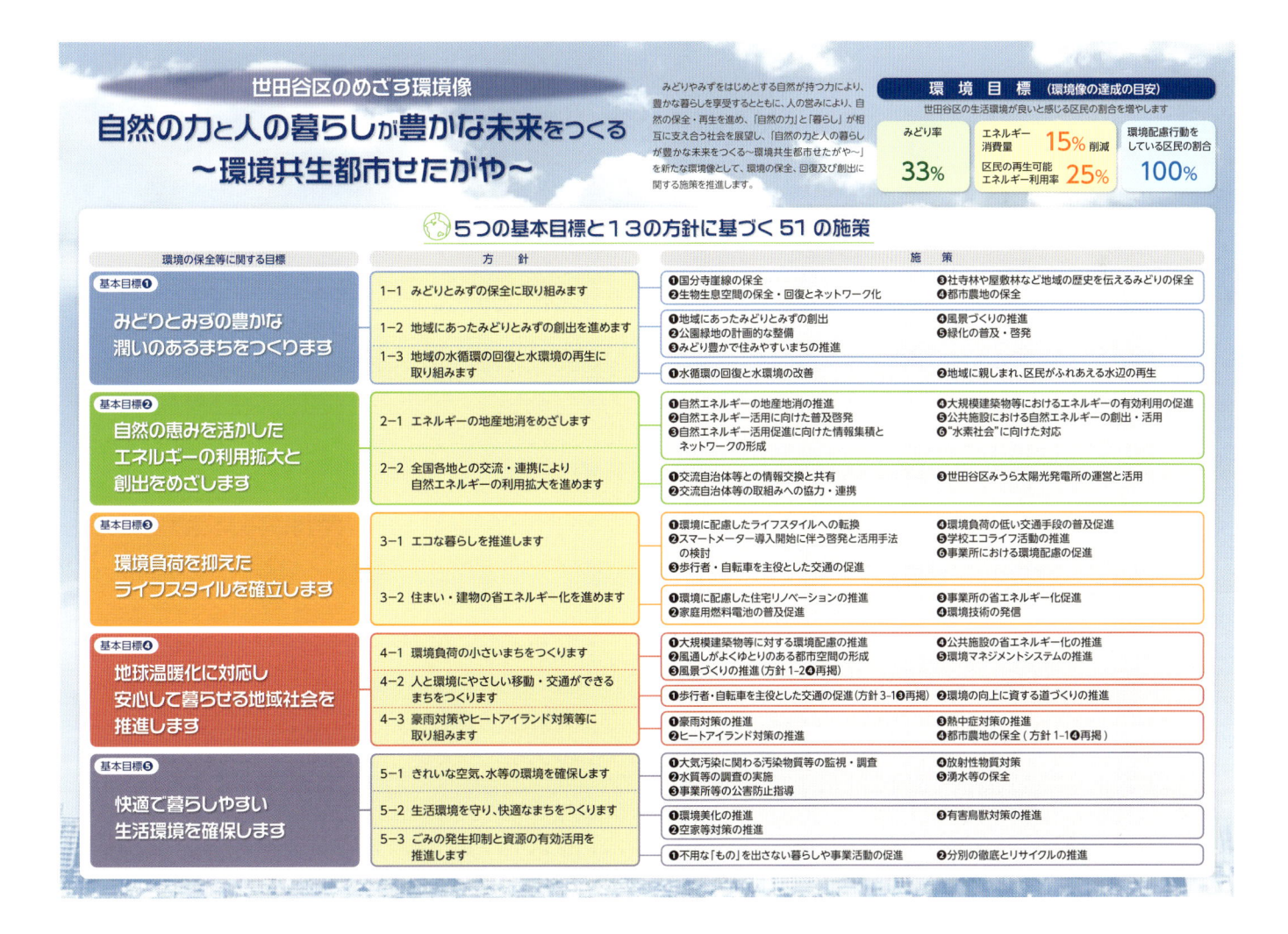

世田谷区のめざす環境像

自然の力と人の暮らしが豊かな未来をつくる
～環境共生都市せたがや～

みどりやみずをはじめとする自然が持つ力により、豊かな暮らしを享受するとともに、人の営みにより、自然の保全・再生を進め、「自然の力」と「暮らし」が相互に支え合う社会を展望し、「自然の力と人の暮らしが豊かな未来をつくる～環境共生都市せたがや～」を新たな環境像として、環境の保全、回復及び創出に関する施策を推進します。

環 境 目 標 （環境像の達成の目安）
世田谷区の生活環境が良いと感じる区民の割合を増やします

みどり率	エネルギー消費量	環境配慮行動をしている区民の割合
33%	15% 削減	100%
	区民の再生可能エネルギー利用率 25%	

🌏5つの基本目標と13の方針に基づく51の施策

環境の保全等に関する目標	方　針	施　策
基本目標❶ みどりとみずの豊かな潤いのあるまちをつくります	1-1 みどりとみずの保全に取り組みます	❶国分寺崖線の保全　❷生物生息空間の保全・回復とネットワーク化　❸社寺林や屋敷林など地域の歴史を伝えるみどりの保全　❹都市農地の保全
	1-2 地域にあったみどりとみずの創出を進めます	❶地域にあったみどりとみずの創出　❷公園緑地の計画的な整備　❸みどり豊かで住みやすいまちの推進　❹風景づくりの推進　❺緑化の普及・啓発
	1-3 地域の水循環の回復と水環境の再生に取り組みます	❶水循環の回復と水環境の改善　❷地域に親しまれ、区民がふれあえる水辺の再生
基本目標❷ 自然の恵みを活かしたエネルギーの利用拡大と創出をめざします	2-1 エネルギーの地産地消をめざします	❶自然エネルギーの地産地消の推進　❷自然エネルギー活用に向けた普及啓発　❸自然エネルギー活用促進に向けた情報集積とネットワークの形成　❹大規模建築物等におけるエネルギーの有効利用の促進　❺公共施設における自然エネルギーの創出・活用　❻"水素社会"に向けた対応
	2-2 全国各地との交流・連携により自然エネルギーの利用拡大を進めます	❶交流自治体等との情報交換と共有　❷交流自治体等の取組みへの協力・連携　❸世田谷区みうら太陽光発電所の運営と活用
基本目標❸ 環境負荷を抑えたライフスタイルを確立します	3-1 エコな暮らしを推進します	❶環境に配慮したライフスタイルへの転換　❷スマートメーター導入開始に伴う啓発と活用手法の検討　❸歩行者・自転車を主役とした交通の促進　❹環境負荷の低い交通手段の普及促進　❺学校エコライフ活動の推進　❻事業所における環境配慮の促進
	3-2 住まい・建物の省エネルギー化を進めます	❶環境に配慮した住宅リノベーションの推進　❷家庭用燃料電池の普及促進　❸事業所の省エネルギー化促進　❹環境技術の発信
基本目標❹ 地球温暖化に対応し安心して暮らせる地域社会を推進します	4-1 環境負荷の小さいまちをつくります	❶大規模建築物等に対する環境配慮の推進　❷風通しがよくゆとりのある都市空間の形成　❸風景づくりの推進（方針1-2❹再掲）　❹公共施設の省エネルギー化の推進　❺環境マネジメントシステムの推進
	4-2 人と環境にやさしい移動・交通ができるまちをつくります	❶歩行者・自転車を主役とした交通の促進（方針3-1❸再掲）　❷環境の向上に資する道づくりの推進
	4-3 豪雨対策やヒートアイランド対策等に取り組みます	❶豪雨対策の推進　❷ヒートアイランド対策の推進　❸熱中症対策の推進　❹都市農地の保全（方針1-1❹再掲）
基本目標❺ 快適で暮らしやすい生活環境を確保します	5-1 きれいな空気、水等の環境を確保します	❶大気汚染に関わる汚染物質等の監視・調査　❷水質の調査の実施　❸事業所の公害防止指導　❹放射性物質対策　❺湧水等の保全
	5-2 生活環境を守り、快適なまちをつくります	❶環境美化の推進　❷空家等対策の推進　❸有害鳥獣対策の推進
	5-3 ごみの発生抑制と資源の有効活用を推進します	❶不用な「もの」を出さない暮らしや事業活動の促進　❷分別の徹底とリサイクルの推進

2. 環境未来都市・横浜の挑戦

話／平原敏英（横浜市副市長）

本日は、横浜市における「環境未来都市」への取組について、ご紹介させていただきます。

開港前の横浜は人口100人ほどの小さな漁村でした。開港をきっかけに日本の国際的な玄関口として発展してきましたが、1923年の関東大震災、1945年の第二次世界大戦中の横浜大空襲などで都心部は壊滅的な被害を受けた経験をもちます。

現在、横浜が直面している課題としては、温室効果ガス排出量の増加や高齢化率の高さなどです。将来人口推計によると2029年には高齢者の数が100万人を超えると推計されています。

このような課題に対応するため、横浜は、「環境未来都市」としての取組を進めています。「環境未来都市」構想は、国の「新成長戦略」に位置付けられた国家戦略プロジェクトの一つです。これは、環境問題だけに限らず、超高齢化社会に対応し、かつ、都市の創造性を発揮して活力を生み出す、バランスのとれた豊かな都市、すなわち「誰もが暮らしたいまち」「誰もが活力あるまち」を作り出すことを目指し、市の根幹となる政策の方向性をまとめた中期4か年計画でも位置づけています。

具体的な取組として、日本型スマートグリッドを構築した「横浜スマートシティプロジェクト」では、民間企業とで協働し、再生可能エネルギーや未利用エネルギーの導入、家庭、ビル、地域でのエネルギーマネジメント、次世代交通システム等に取り組み、大規模既成市街地を舞台にして、地域エネルギーマネジメントに係る先端技術の開発と導入に向けた実証を行いました。

また、デマンドレスポンスといって、時間帯別に異なる電気料金を設定し、ピーク時の電力消費を削減する仕組みの実証実験を行い、CO_2排出量は約3割減、省エネ率は17%という効果を確認できました。この実証事業で培ったノウハウを生かし、防災性、環境性、経済性に優れたエネルギー循環都市を目指すため、2015年4月に新たな公民連携組織である「横浜スマートビジネス協議会」を発足させています。

交通分野の新たな取組として、コミュニティサイクルの「ベイバイク」を2014年度からは本格的に実施しており、年度末の登録者数は4万人弱にのぼっています。

再生可能エネルギーを活用したプロジェクトでは、「ハマウィング」という風力発電の電力を利用してCO_2を出さずに水素を製造し、これを青果市場や物流倉庫などで運行されている燃料電池フォークリフトへ供給する実証を開始し、80%以上のCO_2を削減しています。

都心部では、みなとみらい21地区を「世界を魅了する最もスマートな環境未来都市」としていくことを目指し、エネルギー、グリーン、アクティビティ、エコモビリティの4分野での取組やICTの活用等を進めています。

郊外部では、少子高齢化や人口減少に対応するため、持続可能な住宅地を行政と民間企業、また地域住民とともにつくりあげていくというプロジェクトを立ち上げ、現在4つのモデル地区で住民参画のまちづくりを進めています。

住宅自体についても多世代の住民が主体的に交流を深めるため、高齢者向け住宅、子育て世帯等の一般世帯向け賃貸住宅を同じ建物内に整備し、さらに低層部分には居住者と地域との交流ができる設備や機能を配置した「よこはま多世代・地域交流型住宅」を進めています。同じ建物に住んでいるだけでは交流が生まれにくいので、交流サロンと専門のコーディネーターを組み込むことで、多世代の居住者同士の交流と、居住者と地域の交流を促進していきます。

スマートで快適な住まいは、省エネだけでなく健康にもよく快適な暮らしができます。

住まいの快適さは住宅の高い断熱の性能と風通しやバリアフリーなど含め、結果的にエネルギーの消費量が少なく環境にもやさしい住まい・住まい方を進めています。特に、ＺＥＨ（ネット・ゼロ・エネルギー・ハウス）は、外側の断熱性能等を大幅に向上させ、高効率な設備システムによる大幅な省エネと再エネ導入により、年間の一次エネルギー消費量の収支がゼロとすることを目指した住宅で、横浜市としても補助制度も含め、取り組みを支援しています。

東京都市大学の皆様には、横浜キャンパスのある都筑区役所や中川地域などとの連携を進めていただいており、地域をテーマに調査・研究をした成果を発表する「地域連携調査研究発表会」も昨年度で13回を数え、熱心な区民も学生さんたちの発表に耳を傾けています。

平原敏英（ひらはら としひで）

横浜市副市長
本学（旧武蔵工業大学）工学部土木工学科卒業

1981年横浜市入庁。様々な社会基盤整備に従事した後、経済活性化、環境・防災、地域連携、魅力創出などの視点からまちづくりを進め、市の発展に寄与。現在社会基盤整備及び管理運営などを担い、持続可能な発展をめざし、リーダーシップを発揮している。

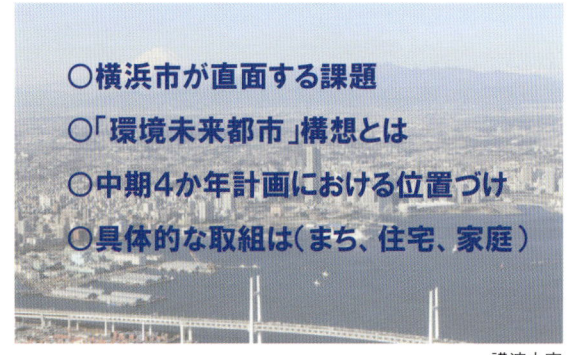

○横浜市が直面する課題
○「環境未来都市」構想とは
○中期4か年計画における位置づけ
○具体的な取組は（まち、住宅、家庭）

講演内容

横浜の歴史について

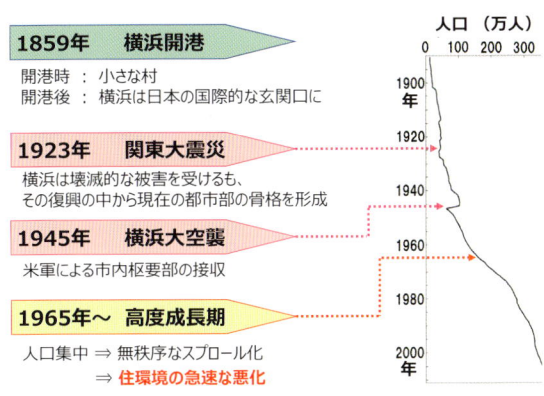

1859年　横浜開港
開港時　：　小さな村
開港後　：　横浜は日本の国際的な玄関口に

1923年　関東大震災
横浜は壊滅的な被害を受けるも、
その復興の中から現在の都市部の骨格を形成

1945年　横浜大空襲
米軍による市内枢要部の接収

1965年〜　高度成長期
人口集中 ⇒ 無秩序なスプロール化
⇒ 住環境の急速な悪化

人口（万人）
0　100　200　300
1900年　1920　1940　1960　1980　2000年

横浜の歴史　〜これまでに乗り越えてきた課題〜

ひと・もの・ことがつながり、うごき、時代に先駆ける価値を生み出す「みなと」

「環境未来都市」構想とは
「環境未来都市」構想は、国の「新成長戦略」（平成22年6月閣議決定）に位置付けられた、21の国家戦略プロジェクトの一つです。
環境問題だけに限らず、超高齢化社会に対応し、かつ、都市の創造性を発揮して活力を生み出す、バランスのとれた豊かな都市、すなわち「誰もが暮らしたいまち」「誰もが活力あるまち」を作り出すことを目指しています。また、それらの成果を国内外に向けて普及展開することで、経済の活性化につなげます。平成23年12月、横浜市は国から「環境未来都市」として選定されました。

環境未来都市　横浜　OPEN YOKOHAMA

未来のまちづくり戦略に3つのターゲットを設定

目指すべき姿に向け、タイミングを的確にとらえた政策
◆3つのターゲット（2017年、2020年、2025年）

2017 ターゲット1　戦略を着実に進める
2020 ターゲット2　世界に横浜を魅せる
2025 ターゲット3　戦略を仕上げる
目指すべき横浜の姿

未来のまちづくり戦略

2014　2017　2020　2025（年度）

横浜市 中期4か年計画 2014〜2017

人　社会の担い手となる人を増やしていく
企業　企業が活躍できる環境をつくる
都市　活躍できる舞台としての都市を構築する

戦略1　あらゆる人が力を発揮できるまちづくり
戦略2　横浜の経済的発展とエネルギー循環都市の実現
戦略3　魅力と活力あふれる都市の再生
戦略4　未来を支える強靭な都市づくり

未来のまちづくり戦略（横浜市中期4か年計画より）

環境未来都市・横浜の挑戦

文化芸術や成長産業の創出、機能的なビジネス空間

低炭素で途切れないエネルギー、上下水道、廃棄物収集のネットワーク、

医療・介護・福祉・子育ての切れ目ない連携による安心感

自然環境（水・緑）と地勢に恵まれた生活空間

ICTインフラ、オープンデータ

© City of Yokohama 2015

環境未来都市・横浜の将来像

大規模既成市街地を舞台にした、地域エネルギーマネジメントの開発・導入実証事業

■導入実績／目標（2010〜2014年度）
HEMS（ホームエネルギーマネジメントシステム）（**4,200件**/4,000件）
太陽光パネル（**37MW**/27MW）、電気自動車（**2,300台**/2,000台）

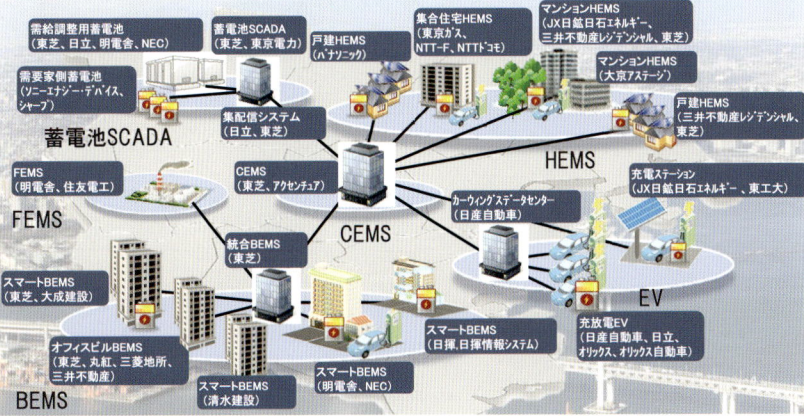

横浜スマートシティプロジェクト（YSCP）

このように、横浜市における将来の課題に向けた取組は、検討の段階から既に実証、実行の段階に移っており、大学、事業所、市民との連携が大きな効果を発揮しています。

　市民の皆様が安心して住み続けられるまち、魅力あるまちを、引き続き、連携を大事にしながら未来に向けてつくってまいります。

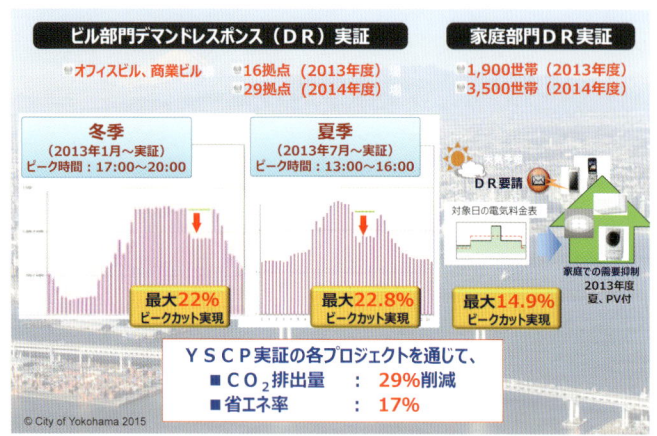

横浜スマートシティプロジェクト 実証成果（2010 〜 2014 年）

低炭素型交通の推進

みなとみらい 2050 プロジェクト

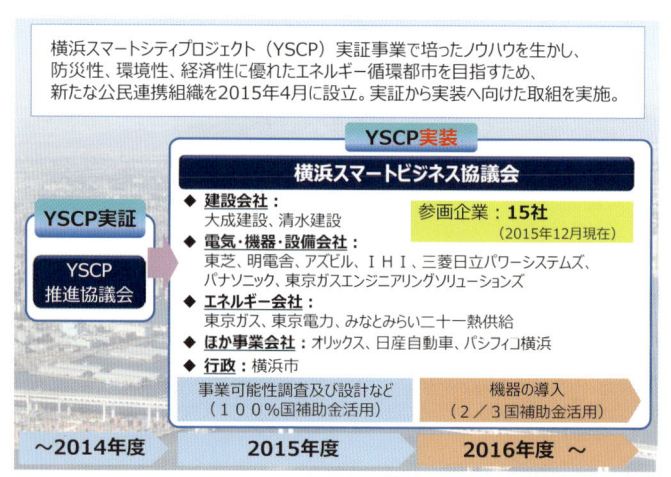

横浜スマートシティプロジェクトの今後

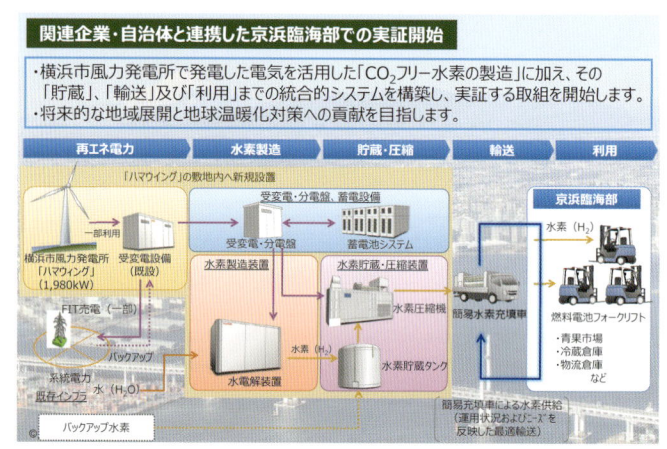

再生可能エネルギーを活用した実証プロジェクト

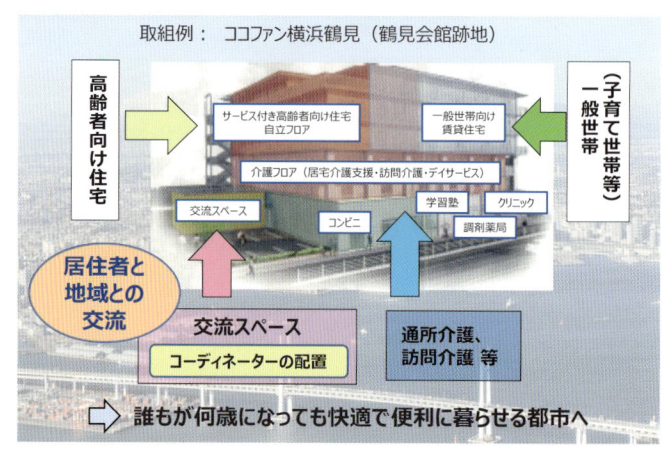

「よこはま多世代・地域交流型住宅」の供給促進

～持続可能な住宅地モデルプロジェクト～

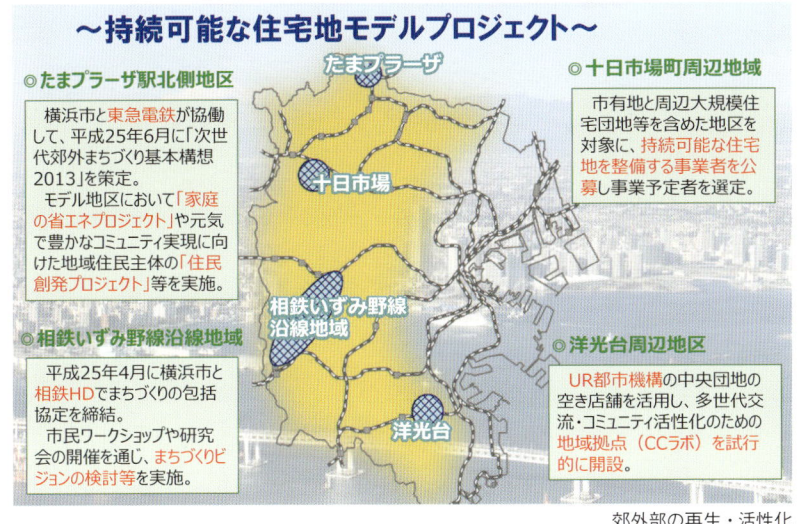

◎たまプラーザ駅北側地区

横浜市と東急電鉄が協働して、平成25年6月に「次世代郊外まちづくり基本構想2013」を策定。
モデル地区において「家庭の省エネプロジェクト」や元気で豊かなコミュニティ実現に向けた地域住民主体の「住民創発プロジェクト」等を実施。

◎十日市場町周辺地域

市有地と周辺大規模住宅団地等を含めた地区を対象に、持続可能な住宅地を整備する事業者を公募し事業予定者を選定。

◎相鉄いずみ野線沿線地域

平成25年4月に横浜市と相鉄HDでまちづくりの包括協定を締結。
市民ワークショップや研究会の開催を通じ、まちづくりビジョンの検討等を実施。

◎洋光台周辺地区

UR都市機構の中央団地の空き店舗を活用し、多世代交流・コミュニティ活性化のための地域拠点（CCラボ）を試行的に開設。

郊外部の再生・活性化

スマートな住まい（スマすま）＝ 健康で快適な住まい

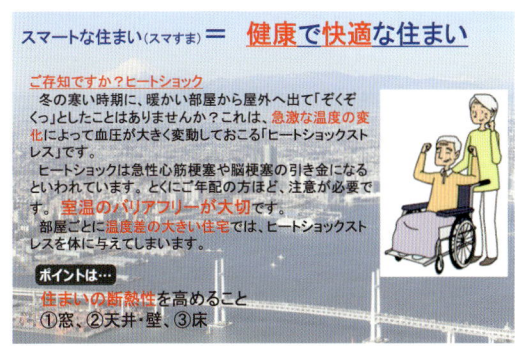

ご存知ですか？ヒートショック

冬の寒い時期に、暖かい部屋から屋外へ出て「ぞくぞくっ」としたことはありませんか？これは、急激な温度の変化によって血圧が大きく変動しておこる「ヒートショックストレス」です。
ヒートショックは急性心筋梗塞や脳梗塞の引き金になるといわれています。とくにご年配の方ほど、注意が必要です。室温のバリアフリーが大切です。
部屋ごとに温度差の大きい住宅では、ヒートショックストレスを体に与えてしまいます。

ポイントは…

住まいの断熱性を高めること
①窓、②天井・壁、③床

スマートな住まい・住まい方プロジェクト

□ エコリノベーション（省エネ改修）補助制度
概ね10％以上の省エネが見込まれる省エネ改修（窓、外壁などの断熱、暖房、給湯などの設備）＋ライフスタイル対応改修を行う場合に、補助金を交付

□ よこはまエコリノベーション・アカデミー
住まい手、作り手の双方に向けて、省エネ改修に対する正しい知識を広める公開講座

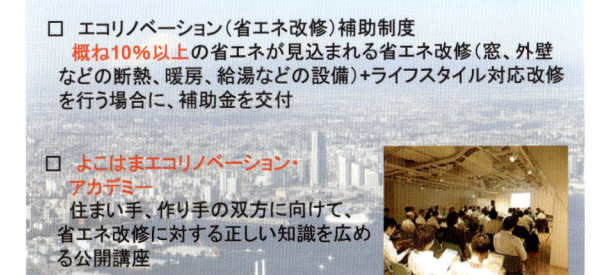

"スマすま"の取り組み事例① 既存住宅向け 住まいのエコリノベーション推進事業

ZEH（ネット・ゼロ・エネルギー・ハウス）を 新築する市民に対し、新築費用の一部を補助する制度を新たに開始。

ZEHとは

① 高い断熱性＋高効率な設備システム＋創エネルギー（太陽光発電）により、年間の一次消費エネルギー量（空調、給湯、証明、換気）の収支をプラスマイナス「ゼロ」にする住宅

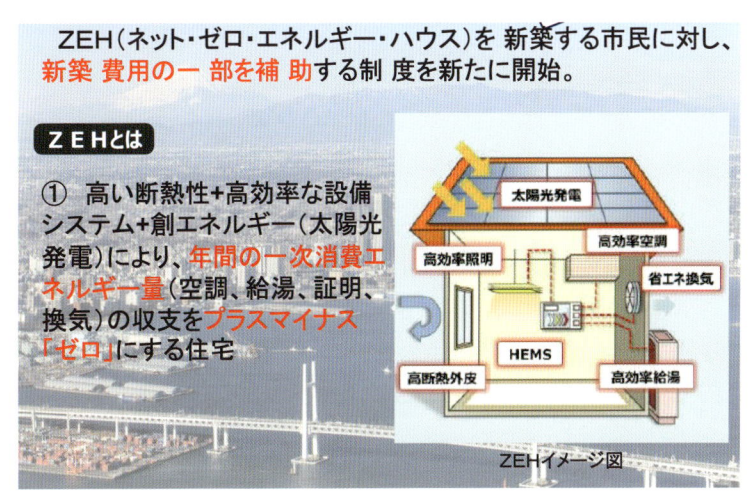

ZEHイメージ図

"スマすま"の取り組み事例② 新築住宅向け 横浜市 ZEH 推進事業

「見て・触れて・感じて・知る」をコンセプトに、「健康寿命」を延ばし、環境にも優しい「スマートウェルネス住宅」の仕組みについて、5つの要素※を中心に実体験を通じて楽しく学べる施設。
ナイスグループ・横浜市・慶應義塾大学、産官学の連携によって健康と環境に優しい家づくりについて発信。

5つの要素
① 温熱
② 空気
③ 睡眠
④ 安全・安心
⑤ 省エネ・エコ

▲パビリオンエントランス　▲センター棟「くらべルーム」

"スマすま"の取り組み事例③ スマートウェルネス体感パビリオン

知の活用・地の活用
～大学と行政がともに都筑を考える～

東京都市大学横浜キャンパス（環境学部・メディア情報学部）と都筑区役所では、学生が地域をテーマに調査・研究した成果を発表する「地域連携調査研究発表会」を開催（平成27年度で13回目）

27年度発表テーマの例
・都筑区牛久保地区の個人住宅の庭を対象とした生物調査プログラムの改良と適用効果の検証
・地域系クラウドファンディングの成功要因の分析

※ 写真は平成26年度の様子

東京都市大学との連携

横浜市と株式会社テレビ神奈川による「スマートな住まい・住まい方プロジェクト」の普及啓発の一環として、家庭における"スマートな省エネ"についてまとめた動画「おうちde省エネ」をネット配信中。

CMキャラクターには、横浜出身の人気タレント、「ヤバイよ！ヤバイよ！」のフレーズでお馴染みの 出川哲朗さんをお迎えしています。

● 1話5分程度×全5話。各話に出川さんが登場。
● 市内の2世帯の住宅（集合住宅と戸建住宅）にHEMSを導入。そのビフォー・アフターを昨年11月から約4か月間"リアルに"取材！

「おうち de 省エネ」普及啓発動画をネット配信

3.レジリエントな住まい・まちづくり

話／岩村和夫（東京都市大学名誉教授、岩村アトリエ代表取締役）

今日は「レジリエントな住まい・まちづくり」についてお話しします。最近、海外で建築関連の会議やワークショップで、頻繁に出てくる言葉です。

「レジリエンス」とは、元来物理学や医学における反発力、復元力を意味しますが、風になびく柳のように応力をやり過ごせる能力も含まれます。また、生物学の分野でも 1970 年代から使われていますが、あるシステムがリスクに晒され、破壊された後の生物学的復元能力のことを言います。

だとすると、都市システムや建築システムについても同じようなことが当てはまります。近年、持続可能性というテーマは随分普及しましたが、多発する自然災害を前に、「レジリエントな住まい・まちづくり」という概念が重要になってきたのです。つまり、ただ単に持続できるだけでなく、様々なリスクに時系列で対処できる能力を備えた持続可能性を考えることです。ここで言うリスクとは、自然災害、テロ、事故、病気などですが、私たちは実に様々なリスクを背負いながら生活しています。特に極端な少子高齢化が進行する中で、人口の約 8 割が都市に住む現在、そのいびつな集中がもたらすリスクは大変大きな問題です。では、こうした社会的問題を含めた諸リスクに備える「レジリエントな住まい・まちづくり」とは、一体何なのでしょうか。関連するいくつかのキーワードについて触れてみましょう。

少子高齢化と人口減少

1948 年生まれの団塊の世代に属する私は 3 人兄弟ですが、現在の日本の特殊合計出生率は 1.42 です。東京や横浜などの大都市ではさらに低い。理論上、人口を維持するためには 2.08 は必要と言われています。諸外国の中でそれに近い先進国はアメリカ、フランスなどです。かつて少子化に悩んでいたフランスでは、近年少子化対策が政策的に実施され、約 2.0 まで改善しました。日本よりも低いのは韓国ですが、最近のアジアの主要国はなべて低くなっています。

その理由としてあまり知られていないのが、非嫡出子の割合です。離婚率の高い北欧では 54％、フランスでは 50％と半数以上を占めていますが、日本は 2.1％と圧倒的に少ない。儒教的な倫理観・家族観が色濃く残る国々では、結婚していない男女の子供が社会的に受容され

ません。その結果、欧米に比べて婚外子の割合が極めて低いのです。これも少子化の大きな原因と考えられます。

今後グローバル化の進行とともに倫理観や意識が変化し、離婚率や非婚化の傾向が強まるものと思われます。

空き家の増加問題

上記の社会的背景と連動した住まいの話になりますが、空き家の増加が大きな問題となりつつあります。日本の空き家率は 13.5％です。ちなみにドイツは 5％ですが、その原因の一つに、既存住宅に関するストック改修政策に大きな違いがあります。

日本では都道府県別に見るとかなりばらつきがありますが、少子高齢化および人口減少により住宅の供給数が需要数を上回り、ストック戸数が過剰になってしまいました。管理や相続に関するトラブル等も原因ですが、それに伴い老朽化や治安、環境が問題化しています。このように、都市部における 60 歳以上の高齢者の世帯が将来的には急増し、空き家はさらに増えると見られています。

持続可能な社会をめざす市場変革

さて、「レジリエントな住まい・まち」の普及を目指すには、その原動力となる市場を構成する人々の意識と行動の在り方が鍵を握ります。従来型の大量消費・大量廃棄社会を持続可能なグリーンな社会に変革することが、現代の我々に課せられた重大なテーマです。そのためには三本の柱があり、中央の柱が市場を構成する人々（ステークホルダー）の行動を意味します。その行動にしてもステークホルダーの立場や意識の持ち方などによって異なります。行政レベルでは法的規制や政策的誘導、企業なら環境会計やグリーン調達、個人レベルではライフスタイルやワークスタイルなどによる行動です。

しかし、行動を起こすには 2 つの動機が必要です。一つは「倫理的動機」、もう一つは、「便益的動機」です。持続可能性が唱えられた 1990 年前後から、まずは倫理的動機が中心的課題でしたが、2000 年以降はその経済的効果や労働生産性・健康等の副次的な便益を定量的に検証できる研究が進みました。すなわち、環境性能に優れた建物

岩村和夫（いわむら かずお）

東京都市大学名誉教授、岩村アトリエ代表取締役

日本建築家協会理事・副会長、日本建築学会理事国際建築家連合（UIA）理事・副会長歴任。環境に配慮した建築・住まい・まちづくりの作品で日本建築学会賞受賞。東京都市大学名誉教授、（株）岩村アトリエ代表取締役、香港・珠海学院客員教授、東京工業大学講師。

少子高齢化の実態と背景

・人口動態
・少子化の背景
・空き家の実態

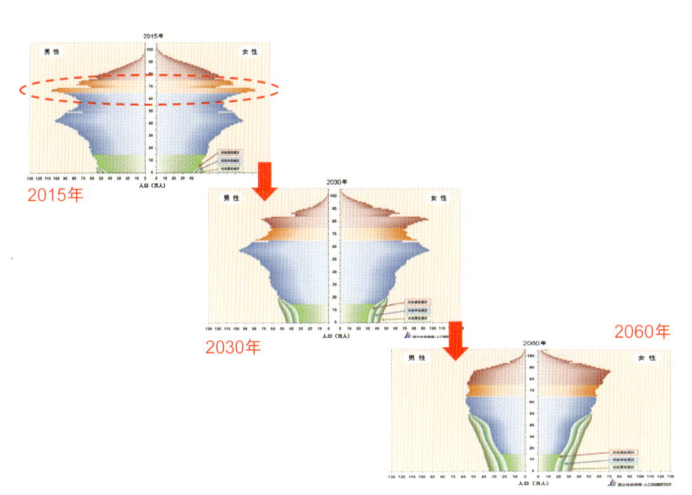

人口ピラミッドの変化予測（2015～2060）資料：1920～2010年：国勢調査、推定人口、2011年以降：「日本の将来推計人口（平成24年1月推計）」

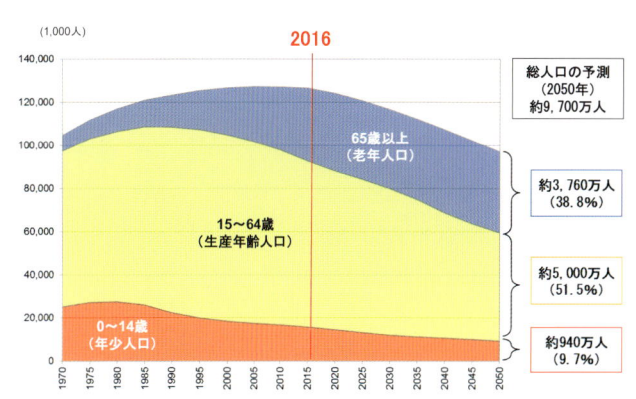

日本の人口構成の推移と予測（1970～2050）出典：国立社会保障・人口問題研究所「日本の将来推計人口」（平成24年1月推計）http://www.ipss.go.jp/syoushika/tohkei/newest04/gh2401.asp
総務省統計局「日本の統計2013」http://www.stat.go.jp/data/nihon/ より作成

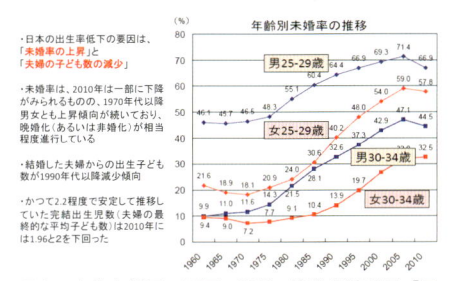

・日本の出生率低下の要因は、「未婚率の上昇」と「夫婦の子ども数の減少」

・未婚率は、2010年は一部に下降がみられるものの、1970年代以降男女とも上昇傾向が続いており、晩婚化（あるいは非婚化）が相当程度進行している

・結婚した夫婦からの出生子ども数が1990年代以降減少傾向

・かつて2.2程度で安定して推移していた完結出生児数（夫婦の最終的な平均子ども数）は2010年には1.96と2を下回った

日本の出生率低下の要因　資料：総務省統計局「国勢調査報告」

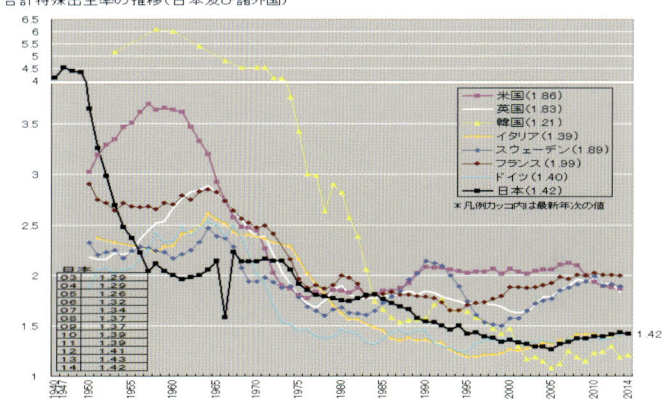

＜人口を維持するには、合計特殊出生率2.08以上が必要＞

戦後の主要国別合計特殊出生率の変化
（注）合計特殊出生率は女性の年齢別出生率を合計した値であり女性が一生に生む子供の数ととらえられる。
（資料）厚生労働省「平成13年度人口動態統計特殊報告」「人口動態統計」（日本全年・最新年概数、その他諸国の最新年）、国立社会保障・人口問題研究所「人口統計資料集2015」

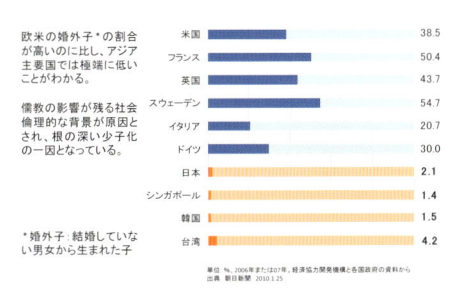

欧米の婚外子*の割合が高いのに比し、アジア主要国では極端に低いことがわかる。

儒教の影響が残る社会倫理的な背景が原因とされ、根の深い少子化の一因となっている。

*婚外子：結婚していない男女から生まれた子

世界各国・地域の婚外子の割合
単位：％、2006年または07年。経済協力開発機構と各国政府の資料から　出典：朝日新聞 2010.1.25

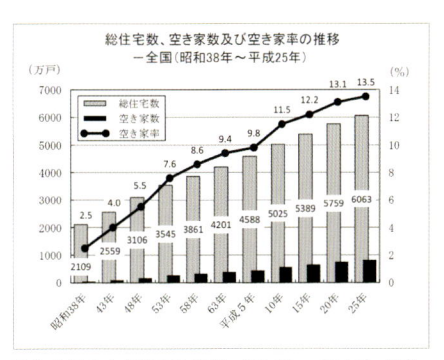

日本全国の空き家率の推移（1963～2013）出典：総務省平成25年住宅・土地統計調査（速報集計）

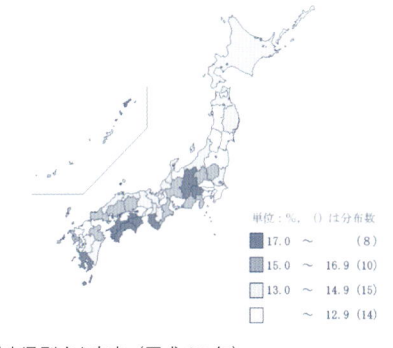

都道府県別空き家率（平成25年）
出典：総務省平成25年住宅・土地統計調査（速報集計）

原因

1. 少子高齢化による人口減少の結果、住宅数が世帯数を上回る、ストック過剰
2. 都市部における既存住宅と市場ニーズのミスマッチ
3. 不在所有者の高齢化による空き家管理の体力的・経済的困難
4. 遠方に居住する不在所有者のケースでは、十分な管理は困難
5. 家屋・土地の固定資産税評価額上昇の回避
6. 家屋・土地相続に関する相続人間のトラブルで、相続人が未定

問題点

1. 放置家屋の老朽化の問題
 ・災害時の倒壊
 ・火災等の危険　等
2. 治安上の問題
 ・放火の誘発
 ・不審者の侵入　等
3. 景観上の問題
 ・植栽の繁茂
 ・落書き　等
4. 衛生上の問題
 ・ゴミの不法投棄
 ・害獣・害虫の発生　等
5. 土地利用の観点からの問題

空き家・空地増加の主な原因と問題　出典：NPO法人空家・空地管理センター　等

"リスク空き家"というと、多くの人は過疎化が進む地方の風景を思い起こす人が多いかもしれない。

しかし、実際には、"リスク空き家"を含む「その他」空き家の数は都市部に集中している。最も多いのは大阪府、次いで、東京都、兵庫県と続く。大阪府の「その他」空き家の数は、最も少ない鳥取県の10倍以上に当たる。

さらに人口の減少が、都市部の"リスク空き家"の増加に拍車をかけることが予想されている。

厚生労働省の平成25年の国民生活基礎調査によると、65歳以上の単身・2人世帯の数は、東京都で約137万世帯、大阪府で約100万世帯に上る。こうした人々が住む住宅が、将来、空き家になれば、"リスク空き家"になるおそれがある。

都市部における「リスク空き家」の予測　出典：「郊外住宅地の見えない空き家」（NHK NEWS WEB 2014）

内で働くと、作業効率が上がる。教育施設なら学生の成績が上がるなど、性能の効果を経済価値等に換算して、エネルギーだけではない様々な経済的効果があることがわかったのです。また、個人のレベルでは、グリーン建築の中では快適な生活が送れるだけではなく、健康状態が改善され、医者にかかる頻度等も少なくなります。このようなことが明らかになってくると、そもそもの倫理的動機に便益的動機がプラスされ、グリーンな市場への社会的変革が推進されることになります。

フォーキャスティングとバックキャスティング

ここで、そのような未来の姿を予測する上で、2つのアプローチがあることをご紹介します。過去や現在の時系列で事象を分析し、その傾向から未来を予測する方法が従来型の「フォーキャスティング」です。一方、まだ辞書にもない言葉ですが、まず未来のあるべき姿を描き、そこから現在に戻りながらそれを実現する課題を整理する「バックキャスティング（逆予測）」という手法です。この二つは相補的な関係にあります。

＜フォーキャスティングから見た未来＞

わが国のエネルギー消費の実態を遡ると、産業部門や運輸部門に比べて建築が直接関係している民生部門は、1973年以降33％も増加しています。ライフスタイルの変化や建物の大規模化がその要因と言われています。

国際的に見ると、一世帯当たりの年間エネルギー消費量は日本が44GJ（ギガジュール）、アメリカが95GJ、水力発電が多いカナダはさらに多い。つまり、日本は半分以下です。さらに用途別で見ると、暖房用は日本では約20％なのに対し、北国のカナダもドイツも70％以上です。また冷房用に至っては、日本は全体の2％程度で、一般的な認識よりもかなり低いのが実態です。それに対し、照明や家電用が一番大きい（約40％）ことは留意すべきです。もちろん、南北に長い日本では地域毎にかなり異なります。

少し別の視点からトレンドを見てみましょう。これは、1年間の新築住宅着工件数の経緯と予測です。一時期平均して140万戸の時代がありました。その後2015年以降は少子高齢化や人口減少の進行とともに下がり始め、人口動態から見ても将来的に減少し続けると見られています。日本の住宅マーケットでは、中古住宅の取引が13.5％と圧倒的に少なく、アメリカは77.6％、イギリスは88％です。政策的にも日本は新築住宅を集中的に支援してきましたが、今後はストック改修を促進する政策転換が喫緊の課題です。

＜バックキャスティングから見た未来＞

次にバックキャスティングについてお話します。COP21で新たな地球温暖化対策の枠組みとしてパリ協定が調印されました。それに先立ち、2015年に日本建築学会は関連団体とともに、包括的に2050年を目標として達成すべき目標値とあるべき姿を提言としてまとめました。そこから現在に戻りながら、実現する上での課題を整理、すなわちバックキャスティングした、2050年における低炭素社会の提言です。その視野には、当然新築および既存建築のカーボンニュートラル対策も含まれ、再生可能エネルギーの自給や地域単位での取り組みも視野に入れました。

安全保障住宅

2011年の東日本大震災直後に、私たちは「安全保障住宅」の開発と普及を提案しました。緒方貞子さんが提唱した「人間の安全保障」という概念を引用しました。世界の中でも、アジアは自然災害がとても多様で頻度も大きく、そして日本は台風、地震、洪水、土砂災害、火山噴火、雪害など、毎年大きな自然災害に晒されています。

一方、家庭内の不慮の事故で亡くなる方が年間16,700人（2012年）です。同じ年の交通事故死者数は年間4,600人で、およそ4倍の人々が家の中の事故で亡くなっているのです。浴槽での溺死が一番多く、しかもその8割以上が高齢者です。その原因は、特に冬季の居間→脱衣所→浴槽間の急激な温度差によるヒートショックだと言われています。これはもう、日常災害とも言うべき由々しき問題です。

LCP（Life Continuity Plan: 生活持続計画）

最後に、今日の結論として、以上のようなリスクを緩和する方策の全体像についてお話しします。ここにお示しする「LCP（生活持続計画）」とは、被災直後から復興期、そして平常時という繰り返される一連の時系列の中で、住まいからまちのスケールに従ってどのようにリスクを緩和して生活できるかを、それぞれの計画の中にあらかじめ想定して、災害に備えようとするものです。表の縦軸が時間軸、横軸が空間軸を表わします。そのセルの中に取り組むべき具体的な対策が書かれています。

縮退する社会にあって、低炭素社会、環境の問題と合わせてQOL（クオリティオブライフ）を両立させる住まい・まちづくりは、このようにリスクに対応できる総合的にレジリエントな性能と機能を備えたものでなければならない、そんな社会的責任を問われる時代になってきたと言えます。

持続可能な社会への市場変革
・Green Market に向かう市場変革へ
・Forecasting（予測）vs. Backcasting（逆予測）

Green Market に向かう市場変革へ

プロセス -1: Forecasting（予測）

プロセス -2: Backcasting（逆予測）

Forecasting（予測）
・部門別エネルギー消費・CO_2 排出量
・国別・地域別エネルギー消費・CO_2 排出量
・年間新築工事量の予測
・その他

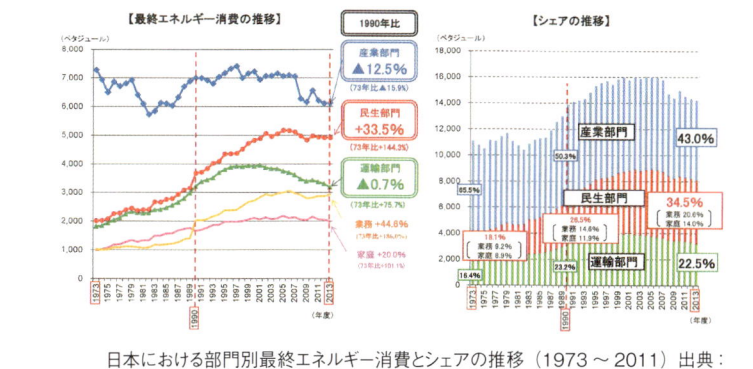

日本における部門別最終エネルギー消費とシェアの推移（1973 〜 2011）出典：平成 25 年度エネルギー需給実績（速報）（資源エネルギー庁）

民生部門は、**家庭部門**と**業務部門**の2部門で構成される。

1）**家庭部門**は、自家用自動車等の運輸関係を除く、家庭消費部門でのエネルギー消費※8を対象とする。

2）**業務部門**は、企業の管理部門等の事務所・ビル、ホテルや百貨店、サービス業等の第三次産業※9等におけるエネルギー消費を対象としている。

※8：家庭消費部門でのエネルギー消費には冷暖房用、給湯用、厨房用、動力・照明等がある。

※9：ここでの第三次産業は運輸関係事業、エネルギー転換事業を除いている。

民生部門とは

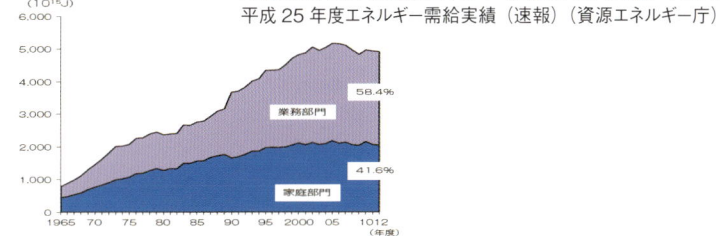

日本における民生部門のエネルギー消費構成（1965 〜 2012 年度）（注）「総合エネルギー統計」では、1990 年度以降、数値の算出方法が変更されている。出典：資源エネルギー庁「総合エネルギー統計」を基に作成 出典：資源エネルギー庁「エネルギー白書 2014」

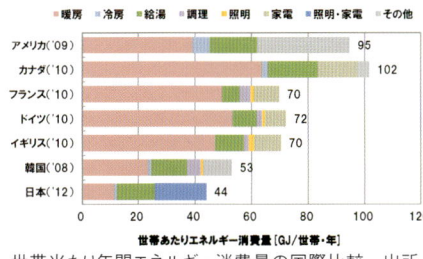

世帯当たり年間エネルギー消費量の国際比較　出所：住環境計画研究所（各国の統計データに基づき作成）2014 年 4 月
注：アメリカ：その他には、調理、照明と家電が含まれる。韓国：その他には、家電とその他が含まれる

全国のエネルギー消費原単位の合計は44.0GJ。

エネルギー種別
（うち、電気19.9GJ、都市ガス9.9GJ、LPG5.0GJ、灯油9.1GJ）

用途別
（うち、暖房11.4GJ、給湯13.8GJ、厨房3.2GJ、照明・家電製品・他14.9GJ）

日本全国の世帯当たりエネルギー消費実態（2012）出典：「家庭用エネルギー統計年報 2012 年報」、住環境計画研究所

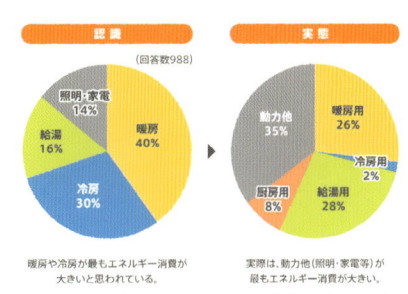

6 地域での世帯当たりエネルギー消費用途の認識と実態の乖離（2012）左／出典：東京理科大学井上隆研究室、右／出典：2014 年版エネルギー・経済統計要覧（2012 年度）

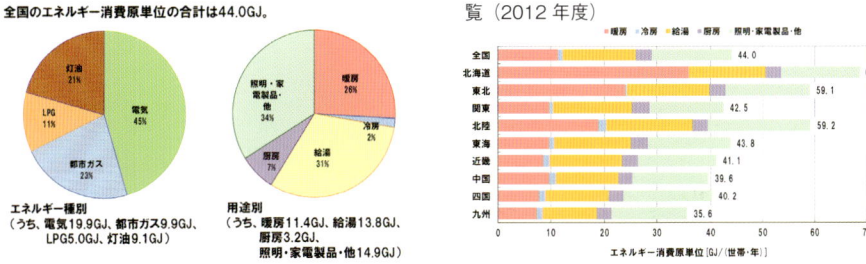

地域別世帯当たり用途別エネルギー消費の実態（2012）出典：「家庭用エネルギー統計年報 2012 年報」、住環境計画研究所

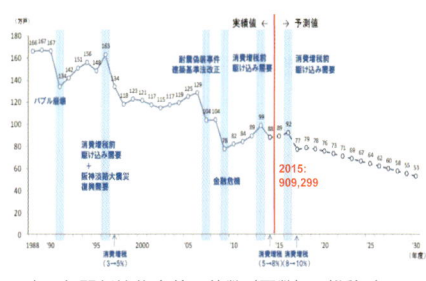

日本の年間新築住宅着工件数（戸数）の推移（1988 年以降）と予測（2015 年以降）出所：実績値は、国土交通省「建築着工統計」より。予測値は NRI

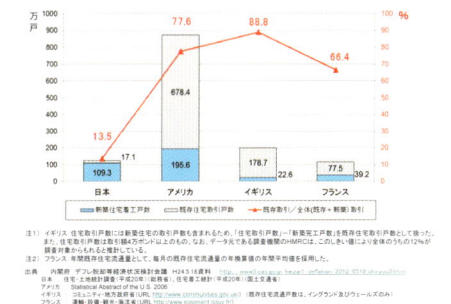

既存住宅の流通シェアの国際比較
出典：内閣府 デフレ脱却等経済状況検討会議H 24.5.18
資　料 http://www5.cao.go.jp/keizai1/deflation/2012/0518_shiryou3.html

Backcasting（逆予測）

・国の地球温暖化対策中長期目標
・住宅・建築物省エネ化推進のロードマップ
・建築環境のカーボン・ニュートラル化（提言）

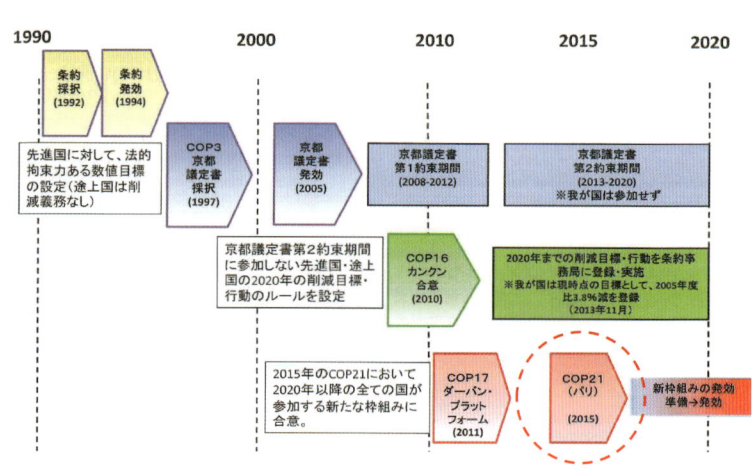

COP の地球温暖化対策中長期目標の経緯　出典：国土交通省資料（2016 年 3 月）

すべての国に適用され、(Applicable to all)
従来の二分論を超えて、「共通だが差異ある責任」原則の適用を改善
・多くの規定が「すべての国」に適用
（一部に「先進国」「途上国」の書き分けが残るも、具体的な定義なし）

包括的で、(Comprehensive)
緩和（排出削減）、適応、資金、技術、能力向上、透明性の各要素をバランスよく扱う
・緩和、適応、資金に関する3つの目的を規定

長期にわたり永続的に、(Durable)
2025/2030年にとどまらず、より長期を見据えた永続的な枠組み
・2℃目標、「今世紀後半の排出・吸収バランス」など長期目標を法的合意に初めて位置づけ
・長期の低排出開発戦略を策定

前進・向上する。(Progressive)
各国の目標見直し、報告・レビュー、世界全体の進捗点検のPDCAサイクルで向上
・世界全体の進捗点検（長期目標）を踏まえ、各国は5年ごとに目標を提出・更新
従来の目標よりも前進させる
・各国の取組状況を報告・レビュー

世界の気候変動対策の転換点、出発点

COP21 パリ協定の特徴　出典：環境省資料（2016 年 3 月）

○わが国の約束草案（2020年以降の削減目標）は、**2030年度に2013年度比▲26.0%（2005年度比▲25.4%）**とする。
○これは、エネルギーミックスと整合的なものとなるよう、技術的制約、コスト面の課題などを十分に考慮した**裏付けのある対策・施策や技術の積み上げによる実現可能な削減目標**。削減率やGDP当たり・1人当たり排出量等を総合的に勘案すると、国際的にも遜色のない野心的な水準。
○我が国の温室効果ガス排出量の9割を占めるエネルギー起源CO₂の排出量については、**2013年度比▲25.0%**（各部門の排出量の目安：産業部門約▲7%、**業務その他部門約▲40%、家庭部門約▲39%**、運輸部門約▲28%、エネルギー転換部門約▲28%）。
○7月17日、日本の約束草案を地球温暖化対策推進本部にて決定し、同日国連気候変動枠組条約事務局に提出した。

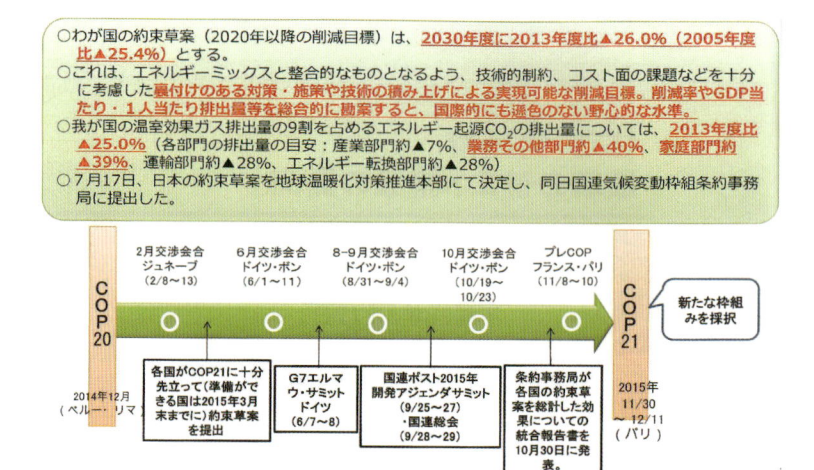

日本の温室効果ガス排出削減約束草案　出典：国土交通省資料 (2016 年 3 月)

究極目標「長期的な気候変動の抑制」

世界全体で温室効果ガス排出量を半減する

2050 年建築関連分野のカーボン・ニュートラル化
① 新築建築は、今後 10〜20 年の間に二酸化炭素を極力排出しないカーボン・ニュートラル化を推進する
② 既存建築を含め、2050 年までに建築分野全体のカーボン・ニュートラル化をめざす
③ さらに、建築を取り巻く都市や地域や社会までを含めたカーボン・ニュートラル化をめざす

建築関連分野の地球温暖化対策ビジョン 2050

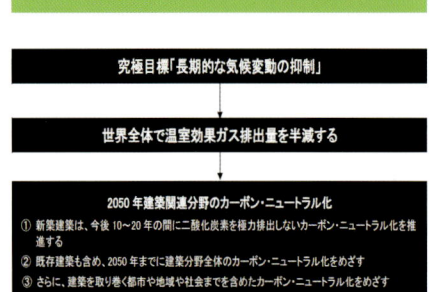

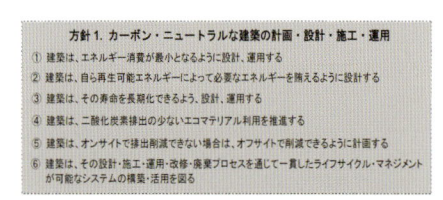

方針 1. カーボン・ニュートラルな建築の計画・設計・施工・運用
① 建築は、エネルギー消費が最小となるように設計し、運用する
② 建築は、自ら再生可能エネルギーで必要なエネルギーを賄えるように設計する
③ 建築は、その寿命を長期化できるよう、設計、運用する
④ 建築は、二酸化炭素排出の少ないエコマテリアル利用を推進する
⑤ 建築は、オンサイトで排出削減できない場合は、オフサイトで削減できるように計画する
⑥ 建築は、その設計・施工・運用・改修・廃棄プロセスを通じて一貫したライフサイクル・マネジメントが可能なシステムの構築・活用を図る

方針 2. カーボン・ニュートラルな都市・地域や社会の構築
① 都市や地域までを視野に入れた対策を推進する
② 地域の気候風土への配慮と利活用を図る
③ 森林吸収対策に貢献する
④ 情報・経済システムの活用を図る
⑤ ライフスタイルの変革を推進する
⑥ 長期的な地域や社会像の共有化を図る

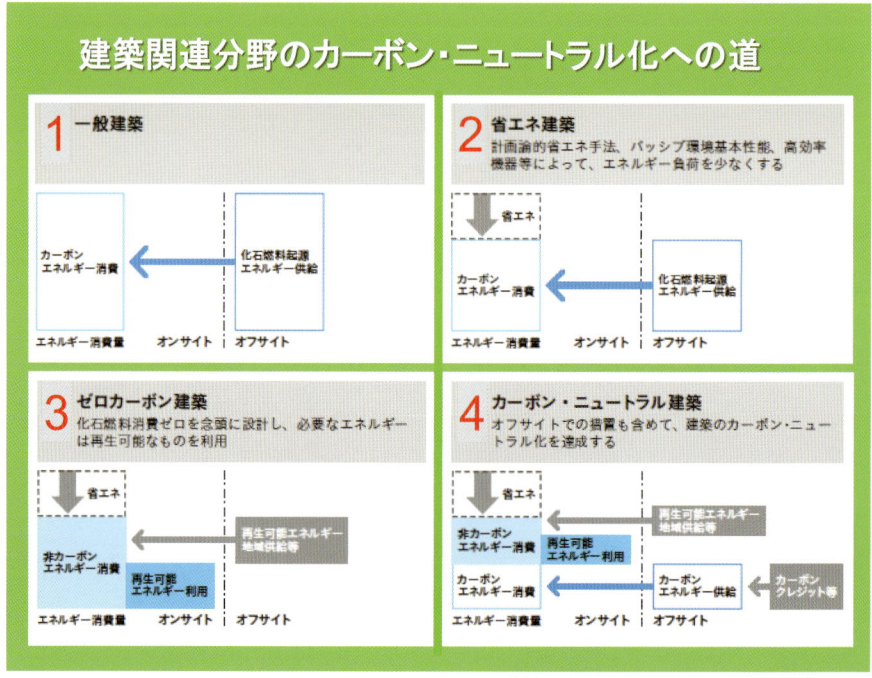

建築関連分野のカーボン・ニュートラル化への道

レジリエントな住まい・まちづくり
安全で持続可能な生活を実現できるレジリアント* な住まい・まちをめざして

*「レジリアント：Resilient」は物理用語の「反発力」「弾性」、医学用語の「復元力のある、回復力のある」等の意味を持つ。また生態学では「ある系の混乱や擾乱の際、その機能を維持あるいは回復できる能力」として用いられてきた。その系を住まい・まちづくりに置き換えれば、様々なリスクの不確実な外乱要因に対処できる能力を、その計画・設計・暮らしに反映することに他ならない。

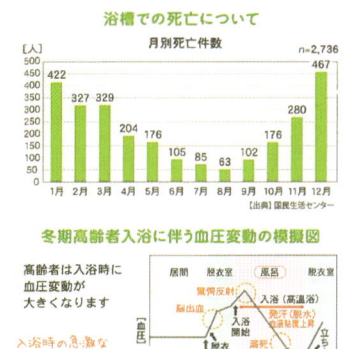

2012年10月 創樹社 　　　日刊工業新聞 2013年11月19日

「安全保障住宅・まちづくり」の研究・開発 2011 〜

■自然災害

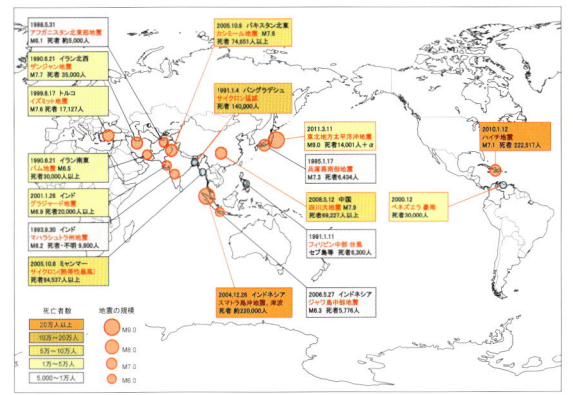

近年の世界の主な自然災害（1990 〜 2011 年 3 月、死者数 5,000 人以上）

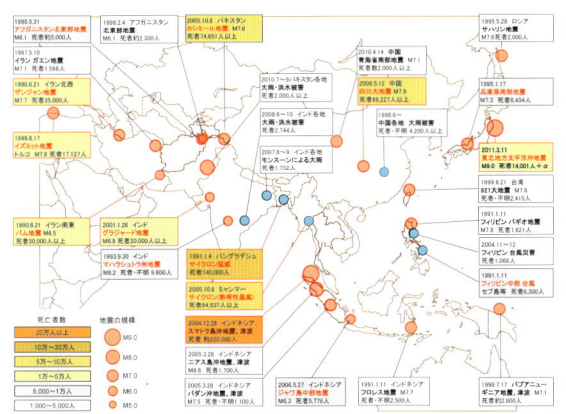

アジアの主な自然災害（1990 〜 2011 年 3 月、死者数 1,000 人以上）

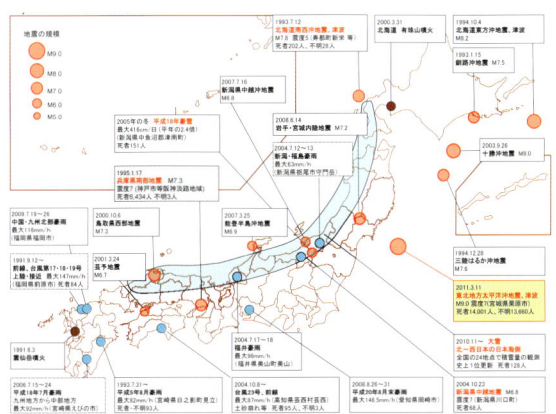

日本の主な自然災害（1990 〜 2011 年 3 月、死者数 50 人以上）

■日常災害

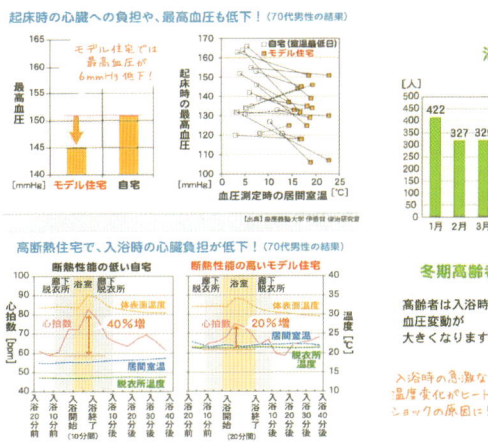

家庭内の循環器疾患を改善する高断熱化住宅（出典：「健康な家づくり」かながわ健康・省エネ住宅推進協議会、2015）

日常災害：年々増加する入浴事故死（出典：「健康な家づくり」かながわ健康・省エネ住宅推進協議会、2015）

■ LCP (Life Continuity Plan) 生活持続計画の総合的基本フレーム

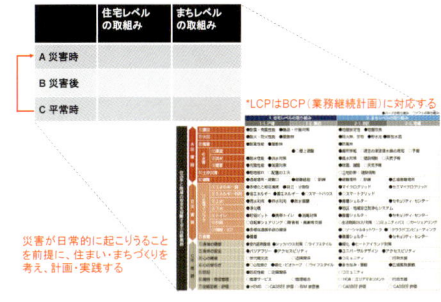

*LCPはBCP（業務継続計画）に対応する

災害が日常的に起こりうることを前提に、住まい・まちづくりを考え、計画・実践する

「レジリエントな住まい・まちづくり」のための生活持続計画（LCP*）基本フレーム

*LCP は BCP（業務継続計画）に対応する

		1. 住宅レベルの取り組み		2. まちレベルの取り組み	
		1-1. 戸建	1-2. 集合	2-1. 地区	2-2. 地域
A災害時	1) 震災	●耐震・免震性能	●備品・什器対策	●地盤安定性 ●地盤改良	
	2) 火災	●耐火・防火性能	●屋敷林	●防火林、空地 ●防火池 ●解放水面	
	3) 風害	●耐風性能	●屋敷林	●防風林	
	4) 水害 ①津波		●屋上避難	●高所移転 ○過去の津波浸水線の周知 ○予報	
	②洪水	●耐水性能	●洪水対策	●高水対策 ○建設規制 ○天気予報	
	③雪害	●克雪性能	●落雪対策	●除雪、融雪 ○天気予報	
	5) 土砂災害	●敷地造り	●配置の工夫	●立地診断 ○建設規制	
	6) 避難	●退避場所・避難口	●避難経路 ○訓練	●避難場所 ○訓練	●広域避難場所
B災害後	1) 生活インフラ ①エネルギー源	●多様化と相互連携	●自立・分散型	●マイクログリッド	○セミマイクログリッド
	②エネルギー利用	●省エネルギー	●蓄エネルギー ○スマートハウス	●スマートグリッド	
	③上水	●雨水利用 ○井水利用 ○飲水備蓄		●備蓄シェルター	○セキュリティ・センター
	④下水	●浄化槽		●地区・地域自立型浄化システム	
	⑤トイレ	●貯留ピット ○携帯トイレ ○消毒対策		●備蓄シェルター	○セキュリティ・センター
	⑥交通	○自転車シェアリング ○障害者・高齢者支援		●生活物資のロジ対策 ○コミュニティバス ○カーシェアリング	
	⑦情報・ICT	●多様な通信手段の確保		●ソーシャルネットワーク ●クラウドコンピューティング	
	2) 食糧	●備蓄		●備蓄シェルター	○セキュリティ・センター
C平常時	1) 身体の健康	●室内温熱環境 ○シックハウス対策 ○ライフスタイル		●緑化 ●ヒートアイランド対策	
	2) 身体の安全	●バリアフリー ○アクセシビリティ		●ユニバーサルデザイン ○アクセシビリティ	
	3) 心の健康	○世代間交流 ○近隣関係		●コミュニティ	○行政支援
	4) 心の安らぎ	●心地良さ ○緑化・ビオトープ ○ライフスタイル		●まちなみ・景観	●広域風致景観
	5) 防犯	●防犯性能 ○近隣関係		●コミュニティ	
	6) 維持・育成管理	○管理サービス	○管理組合	○HOA ○エリアマネジメント	○行政支援
	7) 定期診断・評価	●HEMS ○CASBEE 評価 ○BIM 家歴書		○CASBEE 評価	○CASBEE 評価

●ハードの取り組み ○ソフトの取り組み

4. パネルディスカッション

ゲスト／岩村和夫、平原敏英、保坂展人（50音順）
ファシリテーター／佐藤真久

佐藤：ありたい社会2030年を見据えたまちづくりとして、どのように生活の質を向上させるのか、どのような点に配慮をしていけば良いのか。また、社会資本としてのインフラの構築、社会関係資本としての子どもの居場所づくりやコミュニティ形成、そして、自然資本を活かしたまちづくりとしての環境共生住宅などの視点から、あるべき社会を想定した場合に、生活の質の向上に向けたアイデアを教えてください。

保坂：65歳以上の男性で日常生活の会話の頻度が2週間に1回以下と回答した方は6人に1人の割合でいます。誰とも話さずに一人で暮らしているのは危機的状況だと思います。コミュニティカフェなど、地域の活動を多層化することであいさつや交流ができることを目指しています。

佐藤：空き家の問題と参加型民主主義についてお聞きしたいと思います。所有者不明の空き家対策を手がけていますが、所有者不明の問題をどのように考えて、進めているのでしょうか？　参加型民主主義の事例を2つ紹介していただきましたが、行政主導によるものや、市民主導によるものなど、様々な取組があるかと思います。協働取組の事例があれば、その経緯と内容、アプローチについて教えてください。

保坂：空き家にはすぐ使える、手を入れて使える、もう除却するしかないの3種類があります。生活の質は、言い方を変えると幸福感、お金、地位名誉など何がその人にとって幸せなのか。親しい人、心が通う人が近くにも遠くにもいるということが大切です。空き家活用としてコミュニティカフェが必要です。

　参加型民主主義については、基本構想ワークショップの例があります。この時は、無作為抽出で意見を述べてもらいました。無作為抽出だと、ある種の区民の平均値よりやや意識が高い人が来ます。小田急線の地下化については、各所でワークショップの成果を反映させて公園をつくりました。通路についても、1つ1つのまちづくりの中で活かしています。

平原：空き家対策は保坂区長と同じです。特別措置法ができて市役所内部でも税金情報を使えるようになり、所有者を追跡し易くなりました。相続者が数名ある場合は大変です。まだ使える空き家はマッチングを考えます。本当に使用が無理なら最後は壊しますが、参加型計画の実例として密集住宅市街地があります。この地区に職員が入り、この地区が危険なことを地域に喚起して、その地域の防災まちづくり計画を全員で作成している事例はたくさんあります。ヨコハマ市民まち普請事業として、災害に備えた防災庫や手押しの井戸ポンプ等の整備提案を2回のコンテストで選び、その地域に上限500万円の工事費の補助をした例があります。これは市民に喜ばれている事業です。

　生活の質の話は、横浜では郊外部の住宅地における空き家や高齢化に伴う話題が多いです。商業施設が撤退し、日常生活が不便になっている場所も出てきました。コンパクトシティ化して駅前は高齢者施設を集め、駅から離れたところは安い家賃で若者に住んでいただくことも考えられるでしょう。

　コンパクトシティ化を進めても、最低限の生活機能が身の回りにあることは担保しなくてはならないと思います。

岩村：まずQOLについてですが、今後高齢者のQOLがますます重要になってきます。例えば、ベッドに寝たきりで90歳まで生き延びることが本当に幸せな生き方なのでしょうか。また、日本では非婚率が増えています。つまり、家族のいない寂しい人生を送る人が増加しているのです。仕事を通じた人間関係はあっても、果たして地域に根ざしたQOLが実現できるのでしょうか。その意味でも、少子高齢化とQOLの関係は深いと言えます。

　また参加型民主主義についてですが、そもそも民主主義が日本に本当にあるのか疑問です。国政、地方に拘わらず、選挙での投票率が低すぎます。例えばオーストラリアでは選挙に行かないと罰金が課せられます。物事を決めるプロセスに参加することがQOLの構築にも大きな役割を担っています。

　そんな日本でも、自治体の政策決定に「参加型」のワークショップがよく開かれます。しかし、ルーチン化された形式的な場合が多く、ま

岩村和夫氏

平原敏英氏

だまだ方法論として成熟していないと思います。そもそも、学校等でディベートの訓練が十分ではなく、議論すること自体が疎まれる社会では民主主義を育む土壌がないとも言えます。「阿吽の呼吸」で意志決定のプロセスが顕在化しない日本の社会は、QOL を考える上でも共通認識が深まりにくいのではないでしょうか。

佐藤：今回の講座のタイトル「自然と共生し豊かに暮らせるまちづくりとは」では、人と人との関係性、参加、協働、意思決定をしっかりしてゆかねばならないという指摘が多かったと思います。「自然と共生し」の言葉について、今までのご経験に基づいて、自然と共生するまちづくりの良さ、そこに対する様々な取組と、配慮すべき事項についてご意見をお願いいたします。

平原：横浜市は東京に近い都市で、市域の 4 分の 1 は市街化調整区域です。人口は約 370 万人。市域の中に市街化調整区域も残しています。線引きの見直しを予定していますが、市街化調整区域の中に建築物が既に建っている場所もあります。横浜は大都会ですが、郊外には自然が沢山残っていて 4 分の 1 の自然をとても大事にしています。郊外に行くと緑豊かな場所がしっかり残っている、この大枠はずっとキープしていきたいと思っています。

保坂：世田谷も緑比率が 25％ ということで東京 23 区の中で比較的緑が多いといわれながら、都市農地が 100 ヘクタールも相続で減りつつありますが、都市の農地を遺しつつ緑を 33％ まで持っていくことが目標です。オレゴン州では都市成長限界線を引き、例外は認めない。非常に厳しい規制で、ポートランドの市街地は全く拡大していなくて外側は全部農園になっています。しかも 70 年に車中心の社会から切り替えようと目指して、高速道路を撤去して軽鉄道とか、路面電車を無料で市内に張り巡らし、「徒歩 20 分で暮らせるまちづくり」をしています。世田谷区にあてはめるなら「徒歩 10 分で暮らせるようなまちづくり」をしていて、アメリカの中でも珍しい環境価値として高評価を得ています。まちづくり戦略では、全く荒廃して一人で昼間も歩けなかっ

た中心部が見事にリノベーションされました。

岩村：「自然と共生する」とはどういうことなのでしょうか？　「自然」とはどの範囲を指すのでしょうか？　「共に生きる」とは、だれの視点から見ているのでしょうか？　これは奥の深いなかなか難しい問題です。

　私たち人間は、生物界の一員として生態環境の中で生かされています。生態学とは、ある主体の周辺に存在する様々な因子との関係性を紐解く学問です。その中で互いに共生できるもの、できないもの、寄生するもの等が位置づけられます。

　江戸の境界は現在の山手線の少し外側くらいまででしたが、その中の 5 割が農地でした。つまり農業がパッチワークのように都市の中で営まれていたのです。横浜市都筑区の港北ニュータウンや世田谷区は緑比率が高く、農地＝緑地ではありませんが、都市と農地がお互いに支え合う構図が残っています。いまや自給率が 30％ 以下の日本で、そうした自立的な自然との共生に関する、本質的な議論を深める時期に来ていると思います。

保坂展人氏

第3章　心豊かな文化都市とは

アレックス・カー／東洋文化研究家

早坂信哉／温泉療法専門医

宿谷昌則／東京都市大学環境学部教授

飯島健太郎／東京都市大学総合研究所教授 環境学部教授

アレックス・カー氏は著書「ニッポン景観論」の中で、「文明とは土木や建築ではない。工場思想を捨てて季節感が感じられる自然林を保全し、美しい川や田んぼなど日本的な景観を回復することこそ重要である」と述べています。今回は文化と伝統に根差した「日本的な」ものの魅力を日本人以上に深く理解され発信し続けていらっしゃるアレックス・カー氏のお話から、今の日本人が忘れかけた豊かさとこころを考え、しあわせに健康で楽しく長生きできるまちを、本学の早坂信哉教授と宿谷昌則教授、飯島健太郎教授と共に医学や建築環境学の視点も交えながら市民と大学が連携して作り上げてゆく方法を探りました。

1. 観光立国

話／アレックス・カー（東洋文化研究家、NPO法人篪庵トラスト理事長）
まとめ／東京都市大学環境学部公開講座 企画委員会

「日本が抱えている地方の過疎化問題や景観を台無しにしている電柱やコンクリートで固められた道路や河川に苦言を呈し、昔ながらの日本、日本人が見逃しがちな「なんでもない魅力」を残すことで都会や海外から観光客が訪れ、地方創生につながる」とおっしゃいました。その一例として自身が手がけた徳島県祖谷にある古民家民宿"篪（ち）庵（いおり）"を挙げられ、「ただ古いものをそのまま残すのではなく、現代にあわせ、新しい技術と古い文化の融合のバランスを考えることが大切だ」とおっしゃいました。最後に、「明珠在掌」という禅語を用い、「日本は残っているきれいな自然や古い町並みの価値に気づき、活かしていくべきだ」と締めくくりました。

■観光産業について

世界の観光産業はこの20年で自動車産業やIT産業よりも大きくなっていますが、日本では観光産業は軽視され、少し前までインバウンドは800万人で世界32位でした。現在は2000万人を超え、政府も3000万人を目標にしていますが、日本なら4000万人を達成するのも簡単だと思っています。

■日本の地方の現状

日本の観光資源として、富士山や神社仏閣などありますが、日本の地方の現状は過疎化が進み、シャッター街ばかりです。人口減少は日本だけの問題ではなく世界全体の問題です。日本では人口減少の負の現象にしか焦点が当てられていませんが、世界には人口減少のメリットを活かしたまちづくりで成功を収めた例があります。トスカーナ（伊）やプロヴァンス（仏）、レークカントリー（英）などです。これらのまちは人口減による空き家を観光資源として利用したことにより、古民家は一般人の手が届かないくらい不動産価値が上がりました。

日本でも黒川温泉は景観を良くすることで成功しています（橋を黒く塗りなおし、旅館の壁を漆喰で統一させ、雰囲気を出した）。古き良き京都を京都人が恥、時代遅れだと思っているのは、日本の深刻な問題です。

日本では数年前まで景観は経済を邪魔するものでしたが、それを観光客が覆しました。彼らは良い景観（旧街道や昔の文化的景観）を求めて日本に来ますが、実際は景観が粗末にされていたり、コンクリートの四角い箱ばかりでがっかりします。今までのまちづくりではまちが衰退してしまいます。昔の日本の良さを残すことで、未来に残るまちをつくることができます。

■日本の公共工事

日本の公共工事予算は他の先進国と比較して10～20倍の規模まで膨れ上がりました。予算ありきの公共工事が行われています。諫早湾や八ッ場ダムなどの規模の大きなものはメディアで取り上げられますが、小さい規模の景観を台無しにする無駄な公共工事は全国で年間何十万件も行われています。海外ではコンクリートで固めまくった公共工事はありえません。時代遅れです。日本でも明治時代の公共工事は自然に優しい工事も行われていました。それは現在も残っていて、特に危険はありません。

なぜ日本でコンクリートで覆われた道路や河川がつくられるのか。それは「不便」です。日本において「不便」は絶対で、「不便」をかざせばなんでも通ってしまいます。これは省庁だけが悪いのではなく、日本国民がそれを受け入れて望んできたという現実があります。

■「なんでもない」ものの魅力

では、観光客は何を望んでいるのか。日本では世界遺産だとか、「冠」が付くえらいものがないと観光客が来ないと思いがちです。しかし、なんでもないものにも魅力を感じ、観光客は来てくれます。京都の金閣寺、銀閣寺もいいけれどちょっとした町家の窓、石垣とかなんでもないもの、こういうものは壊されやすいけど、とても温かみを感じさせてくれます。

■祖谷

古民家改修の取り組みのきっかけは、慶應義塾大学留学時の日本一周旅行のときに祖谷に出合ったことです。当時の祖谷はこの世とは思えない、まるで山水画のような土地でした。そこで築300年くらいの

Alex Arthur Kerr（アレックス・カー）

東洋文化研究家、NPO法人篪庵トラスト理事長

アメリカ生まれ。米海軍の弁護士だった父親と共に1964年来日、横浜に滞在。エール大学で日本学、オックスフォード大学で中国学を専攻。慶應義塾大学に留学中、ヒッチハイクで日本全国を旅行している中で徳島県祖谷地区の風景に感銘を受け、同地区にあった築300年以上の古民家を購入し改修。美しき日本の残像」、「犬と鬼―知られざる日本の肖像―」、「ニッポン景観論」などの著書で日本が抱える「文化の病」を取り上げ、注目を浴びる。現在は亀岡に拠点を構え、全国各地で地域観光振興のコンサルティングを行っている。
HP: http://www.alex-kerr.com/jp/（公式HP、英語）
http://www.chiiori.org/（NPO法人篪庵トラスト、日本語）

古民家を一軒買い、簏（ち）庵（いおり）と名づけ改修を行いました。簏庵はロケーションが悪く、近くに有名観光地があるというわけでも無く、とても不便で従来の観光の考えでは人は来ないはずですが、20 年間で世界数十カ国から 3 万人も訪れています。簏庵の「なんでもない」魅力（自然、生活、文化）の引力だと思います。

■古民家改修の取り組み

　古民家を古いものの資料館にするつもりはありません。今の技術(ペアガラスや床暖房）をうまく取り入れていかないと古いものを残すことはできません。現代人は畳だけだと過ごせないので、椅子もいれました。古いものと新しいもののバランスはいつもチャレンジです。私は、まず家の声を聞くことを大事にしています。もちろん建築基準法や消防法、旅館業法によりしかたなく妥協しなければならないところもありますし、不可能だと思っていたことがひらめきで解決することもあります。

　プロデュースは我々のチームで行いますが、我々は建築士ではないので建築や大工の仕事は地元の人に任せています。それは技術の継承というよりもセンスの継承のためです。日本の大工技術はすばらしいですが、この数十年間、彼らはいい仕事を任されていません。プレハブ建築ばかりです。そのために、仕事を任せる前に我々のつくった古民家に連れて行き、ある程度わかってもらってから仕事をしてもらっています。

　古民家民宿は田舎に若者を呼び寄せます。若者はホスピタリティビジネスに興味があります。林業では人は呼べません。

■明珠在掌

　禅の用語で、一生懸命探していた宝はすぐ近くにあったという言葉です。莫大な資金で箱ものを作ったり、古い町並みをつぶしたり、美しい川や海岸や山をコンクリートで固めてきましたが、まだまだきれいな自然や古い町並みは残っています。それらを財産として活かすことがこれからの課題だと思います。

2. お風呂・温泉を活用して幸せになる

話／早坂信哉 （東京都市大学人間科学部教授、温泉療法専門医）

今回は「心豊かな文化都市とは」ということで、私からは温泉についてお話させていただきます。

「なぜ温泉の研究をするのか？」とよく質問されますが、実は内科医として勤務していた時に、アレックスさんのお話に出てきたような非常に不便な地域で僻地医療をしていたことがあります。地域医療の最後の勤務地は宮城県と山形県の県境で、人口は約 1,500 人、コンビニもないようなところの診療所で、医師 1 人で医療にあたっていました。地域医療の現場で介護保険が始まるころには、お年寄りの自宅に折り畳み式の浴槽を持って行き、家の脇で入れて差し上げる訪問入浴のサービスも行っていました。

訪問入浴サービスの際は、看護師とヘルパーがチームをつくって家まで伺い、バイタルチェックや血圧・体温の測定を行います。

うっかりすると血圧が高い人、例えば 180 を超える人もいらっしゃいまして、そうした際には「今日はお風呂はやめましょう」というのですが、お年寄りは待ちに待った 1 週間に 1 回の入浴なので「ぜひ入れてくれ」と言われたものです。看護師から電話で「180 あるけど入れて良いですか？」と連絡を受けたこともあります。そうした内容は教科書にも載っていませんので、これをきっかけに私はお風呂の研究を始めました。お風呂の研究をしている人というのはそもそも少なく珍しいようで、『世界一受けたい授業』という番組に出たりしました。『林修の今でしょ！講座』にも、お風呂専門家として出演。また、NHK ワールドが「日本のお風呂の良さを海外に発信したい」ということで、メディカルフロンティアとして普通の日本の家庭で入っているお風呂の紹介もさせていただきました。今日は、お風呂と温泉を活用して幸せになるということについて、これまでの研究も含めてお話しします。

2012 年、浜松医大で静岡県民 3000 人より回答をいただいた上での調査結果で、これまでの研究では「入浴前後でどう変わるのか？」といった実験が多かったのですが、私は疫学研究と統計研究を行いました。調査結果を見ると、お風呂に入る回数で毎日お風呂、この場合、湯船に入る人とそれ以外の人とで主観的健康感を比較してみたところ、毎日湯舟に入る人は 76％が「よい」と答えた一方、シャワーのみの人で「よい」と答えたのは 70％。統計的に有意差がありました。主

観的健康感とは聞きなれない言葉かもしれませんが、自分自身で感じている今の健康度について、簡単な質問項目に対し「とても良い」から「とても悪い」までの 4 段階で答えてもらうもので、将来の健康状態を予測することができます。また、主観的健康感は将来の心筋梗塞等の発症と関係するとされており、そう考えるとなおさら重要です。

ちなみに、内閣府が国民生活選好度調査で、国民の幸福度を調査していますね。あくまで主観的なものですが、アンケート調査で「とても幸せ」から「とても不幸」まで、10 点満点で幸福度を尋ねるというものですが、今回はこれと同じ方法で静岡県民を対象に調査を行いました。結果、湯舟・バスタブに毎日浸かっている人の幸福度が高いというデータが得られました。ある国は収入が低くても幸福度が高いと言われていますが、今回の調査では、毎日湯船に入る人は 54％、逆にシャワー中心の人は 44％が幸福度が高いと答えています。そのほか、睡眠によって疲れが取れているか（睡眠が良く取れているか）という質問に対しては、毎日湯船に入る人は 86％、シャワーの人は 82％が良くとれていると答えており、ここでも有意差が見られました。

なお、幸福感は、個々人がどのような思いで生活しているかを表す指標となる国際的ツールであり、日本はもちろん途上国でも測定されているものですが、よく言われるのが「所得収入が高い人が、幸福度が高いとは限らない」ということ。これは着目されていることですね。単純に経済力がつくだけで幸福度が高くなるわけではないことが、いくつかの研究で報告されています。

次に、熱海市における現在の研究例です。熱海市では昔と変わらず、温泉がこんこんと湧き出しています。家康の湯、かけ流しの湯が出続けている足湯が駅前にあります。

市役所の脇にある福祉センターの一部にも温泉があります。敷地内に温泉がある市役所も少ないと思いますが、これは熱海市民で 65 歳以上の人なら無料で入ることができます。同じ建物の 1 つ上の階にはサロンがあり、年配の方がゆっくりとくつろげる場所になっています。ここには看護師がいつもいて、健康のことなどについて相談することも可能となっています。

また、熱海市では普通に道端に温泉が湧いていて、調理に使うこと

早坂信哉 （はやさか しんや）

東京都市大学人間科学部教授
温泉療法専門医

自治医科大学大学院医学研究科修了。浜松医科大学准教授、大東文化大学教授などを経て、現職。生活習慣としての温泉・入浴を医学的に研究する第一人者。テレビ、講演などで幅広く活躍。著書「たった 1℃が体を変える」（角川フォレスタ）など。

もできます。近くに寄ると 90℃以上の湯気が沸いていて、ふたを開けると中が網のようになっており、卵などを入れて茹でることができるのです。これらは道端で誰でも使えるものとなっています。ここでも同じように熱海市と共同研究して、温泉と健康の関係を調査しました。

　次に、駅の待合室に足湯がある、熱海市ひいては静岡県でも有名な温泉地についてです。ここではかけ流しの状態でお湯が出ています。ほか、市内には 100 ヶ所以上の源泉が沸いており、中には自宅で温泉を引いている一般家庭もあります（全体の約 2 割）。特定健診の際に、併せて熱海市の温泉を引いているかの調査を行いましたが、その際に血圧降圧剤などの薬を飲んでいる人がどれほどいるかを調べたところ、自宅で温泉を引いている人は 31％、引いていない人は 37％という結果に。自宅に温泉を引いている人ほど、薬を飲んでいる人が少なかったのです。昔から実験的研究の結果として、お風呂に入ると血圧が下がるというデータもあります。毎日お風呂に入れる環境があるかの調査はこれまでにありませんでしたが、今回の調査で、毎日温泉に入れる人は血圧が低めであることもわかりました。熱海の食塩泉には血管を広げる、温まる、血圧を下げる効果があり、温泉に毎日入ることで持続している可能性があります。

　さらに次の年、1000 人の方に温泉に入っているかどうかを尋ねたところ、週 1 回以上温泉に入っている方は悪玉コレステロール LDL が 106、一方でそれ未満の人は 123 となっており、かなりの違いが見られました。これも昔の実験報告の話ですが、湯治の後にコレステロール値が下がるということはよく言われていました。温泉の効果によって様々なホルモン値が変わり、ストレスが軽減されたり、ミネラル成分やイオン等が人体に吸収されて血管内が変わるとも言われていました。

　よくシャワーと比較されますが、お風呂がシャワーと違う点は温熱作用です。お風呂だと必ず血管が広がり身体が温まりますが、シャワーだとあまり温まりません。血管が広がって血液の流れが良くなると、身体に要らないものを運び去ってくれます。また、湯船に入ると浮力によって 10 分の 1 になり、無駄な筋肉の緊張がなくなります。

　次に水圧についてです。水に入ると身体を締め付ける作用が働き、これによって足先・下半身のむくみが解消されます。足先にたまった

血液が心臓に戻るので、血液循環が促進されるのです。さらには、皮膚がきれいになる効果もあります。そして、水の粘性と抵抗性によって水中を歩く時には力が必要になるため、良い運動にもなります。シャワーにはない、湯船に浸かることで得られる効果がありますので、毎日継続して湯船に浸かることが健康や幸せを感じるきっかけ・要因になると思われます。また、安い金額で入れる共同浴場や温泉外湯が身近にあると、そうした場所に人が集まることにより外出が促され、特に高齢の方の引きこもりが少なくなる効果もあります。また、喜んで温泉に行くことにより、認知症が予防されることも期待できるのです。

　最近フレイルという言葉がはやりつつありますが、これは高齢者虚弱を意味しています。しかし、外出することによって足腰の弱りを予防することができます。以上をもって、高齢者の健康維持に外湯・共同浴場が役に立つと言えるのです。

　外湯をうまく活用すれば、医療費を軽減したりなど、色々なメリットがあります。外湯は交流を図る拠点にもなりますし、健康維持できるのではないかと考えています。お風呂や温泉は幸福度を高める効果を持ち、外湯は高齢者のための地域資源になる……つまり温泉とは、幸せな文化都市を形成するための地域資源の1つと考えることもできるでしょう。

3. パネルディスカッション

ゲスト／アレックス・カー、早坂信哉
ファシリテーター／宿谷昌則

Q：古民家改修で行政からの補助を受けているのでしょうか？　また、事業として成り立っているのでしょうか？

アレックス：例えば、京都は天下の観光都市ですので、補助金に頼らず、投資金や銀行からの借り入れ金のみで、利回りを考えた事業が成り立ちました。一方、地方では成り立ちません。ある程度の規模になると、どうしても行政が主導になって動く必要があり、京都以外の事業では大なり小なり補助金を活用しています。

　しばしば公共事業は批判の対象にあげられますが、公共事業自体は増やしても良いと思っています。ただ、事業の中身を変えていかないといけません。社会のニーズと関係なく、とにかく護岸工事や道路工事を続けるのではなく、他の先進国では常識となっている電線埋設や、古い町の歴史街道の整備、古民家再生、そうした事業が必要です。もう一つ肝心なこととして、ほとんどの公共工事は、作った後にお荷物になっています。奈義町の美術館や、アワビ館とか。ゼネコンが儲かる仕組みではなく、完成後の運営でも、ちゃんと収入を見込める持続的な仕組みを作らなくてはなりません。古民家の場合ですと、どんどん客を呼び込み、外部から新しい産業が入ってくるような流れに持っていく必要があります。私は各地で古民家を改修してきましたが、完成後、運営していく人に祖谷まで来てもらい商売として成り立つように、私の会社で研修を受けてもらっています。

宿谷：空間デザインだけでなく時間デザインが重要でしょう。

Q：高齢者は血圧が高い時にお風呂に入れるのでしょうか？

早坂：上の血圧160まで、下も100を越えると右肩上がりで何らかの事故が増えてきます。事故の種類は呼吸困難や発熱、意識がなくなるなどがあります。

Q：お風呂の温度と血圧の関係はあるのでしょうか？

早坂：だいたい42度を超えると交感神経が刺激され、血圧があがるという実験結果があります。また、42度を超えると血中の血栓量も増えます。身体が非常事態と捉えるようです。

宿谷：脱衣所の温度が下がらないようにすることで温度が低めのお湯でも満足できるようになると思います。

Q：小さなお風呂と大きなお風呂との差はあるのでしょうか？

早坂：大きな銭湯の方がリラックスのα波が多く出る、気持ちが良くなるという脳の研究があります。

宿谷：今日全体を通しての印象等をお願いします。

アレックス：今回のテーマについて個人的な思いですが、現代の日本人は古いものが今の生活に合わず、使い方を忘れてしまったのだと思います。新しい技術があふれてそれが不要になってしまっています。日本のお風呂文化をちゃんと分析していないので、お風呂はどのくらいの大きさでどのくらいの頻度で入るのかなどを研究しなければなりません。現代の新しいお風呂や家の環境は健康的な物と非健康的な物の両方がありますが、それをいかにブラッシュアップして利用するかが重要です。

　古いものや文化を現代的に分析し、新しい技術などを取り入れるなどしてブラッシュアップしていくことがこれからのテーマだと思います。

早坂：お風呂という昔からある文化はあまりにも当たり前すぎて、これまであまり研究がなされてきませんでした。アレックスさんの言うとおり、研究を見直していく必要があると思います。

宿谷：今日、先生方と一緒にお話しをして深く感銘を受けたのですが、キーワードがあると良いと思いまして、次の三つを挙げておきたいと思います。一つは「倣う」、自然の振る舞いによく倣ったらよい。次は「足

アレックス・カー氏

早坂信哉氏

る」。例えば、蛍光灯をガンガンつけるのではなく、アレックスさんの話にもあったように、古民家の中にある暗さの良さを引き出す。そして「能う」。これからの技術はこれら三つのことを大切にして、改めて環境、建築、環境都市を創出できるようにしていくことが重要だろう……そう思っています。

宿谷昌則氏

第4章 生物、生態系から見た まちづくりと都市環境

福岡伸一／生物学者

鳥居敏男／環境省 自然環境局 自然環境計画課 課長

涌井史郎／東京都市大学特別教授

田中　章／東京都市大学環境学部教授

福岡伸一氏は著書「動的平衡」で「“生命”は構成分子が動きながら常に環境に適応するべく自分自身を作り変える“動的平衡状態”にあるため、サスティナブルである」と述べています。平衡を保ちつつ少しずつ攪乱や要求に適応するため変化をし続ける「まち」を実現すれば、それが「持続可能なまち」になるのではないでしょうか。生物の環境適応力をヒントに、生物多様性保全を第一に考え、ヒトを含めた全ての生物が守られるハビタットを次世代に遺す都市ランドスケープの創造について、福岡伸一氏と環境省の鳥居敏男氏、本学特別教授の涌井史郎、田中 章教授が語り合いテーマに迫ります。

1. 動的平衡のコンセプト

話／福岡伸一（生物学者・青山学院大学教授）

私は「生命とは何か？」をずっと考えてきましたが、今その中で"動的平衡"ということを考えております。今日は都市の問題と環境の問題ということで、動的平衡というキーワードにどの程度お役に立つかわかりませんが、ミクロな細胞が行っているこの仕組みに私がどのようにして気づいたのか？　そのコンセプトの説明もしつつ議論していきたいと思います。

まずはスライドをご覧ください。ここに示しているのは細胞の顕微鏡写真で、大体 300 倍で見たものになります。細胞の中にはいろいろな細胞内小器官があり、白く抜けている所には細い糸が折りたたまれて格納されています。それこそが DNA なのです。DNA には、科学物質の連鎖で遺伝情報が書き込まれています。

近代科学では、まず生物をミクロレベルで解体して、我々生物が細胞ユニットから成り立っていることを突き止め、さらにそれを小さなレベルに解体してきました。今では、DNA の端から端まで遺伝暗号を読みつくし、ヒトゲノム計画で、書かれている全情報をリストアップしています。

細胞の中で使われているミクロなパーツとして、人類は、タンパク質の設計図 23,000 種をすべて記述してデータベースの中に入れることに成功しました。生命は有限個のパーツから寄り集まってできているものだという理解に達しています。我々分子生物学者には、細胞を見るとこのように見えているわけです。コンピュータ基盤と同様に、色々な部品、LED、CPU、コンデンサ─などの配列がそれぞれ機能を持って配列している……そのように生命現象を見ています。これを機械論的生命観といいます。癌のメカニズム、糖尿病のメカニズムなど、この"メカ"の部分ですね。私は生物学者を目指して勉強してきた過程で、機械論的生命観にどっぷりと浸かり、その要素を明らかにすることに取り組んできました。私の大先輩にあたる大隅良典先生もまた、細胞の中の分解のメカニズムで業績を上げられました。一方で私も小発見として、23,000 種ある遺伝子の中で新しい遺伝子を 1 つ見つけました。GP2 という遺伝子で、グリコプリテイン 2 型というものです。

GP2 は細胞からアンテナのように突き出ていて、外界の情報を取り入れているタンパク質です。ゲノム計画のゴールは分子生物学のほんの1ページに過ぎませんが、見つけてきた遺伝子は、タンパク質が細胞内でどのような役割を果たしているかを解明する研究を始めたわけです。その時に使ったアプローチが機械論的なアプローチでした。

これは飼育しているマウスです。小さなネズミで、賢く、カメラを向けるとカメラ目線する可愛いマウスです。このマウスは GP2 遺伝子ノックアウトマウスであり、細胞の中から細胞核の DNA の細い糸を抜き出し、その中の GP2 が書かれている場所を切り取って情報を捨ててしまい、残りの糸を繋ぎ合わせて細胞に戻し、受精卵を作って 1 匹のマウスに育てています。すると、全ての細胞から GP2 遺伝子という部品を作れなくなったマウスになります。機械の場合は壊れます。壊れ方をみて、その部品の役割を知ります。これと同じ方法で、もしマウスが糖尿病になるなら、GP2 が血糖値をコントロールして糖尿病にしないようにしている遺伝子だと言えることになります。こうした遺伝子ノックアウトマウスを作るプロセスは面倒で、3 年ほどの年月がかかります。研究費もかかり、小さなマウスを 1 匹つくるのにポルシェ 3 台分くらいの費用がかかります。そうして生まれてきたマウスは元気にすくすくと育ち、飼育箱の中を走り回り一見どこにも異常が見当たらず、私は焦りました。ありとあらゆるパラメータを測定して異常値を探しましたが、細胞をとっても比較しても何も異常がなかったのです。

長い時間をかけたら異常が出るかと思い、マウスの寿命である 2 年間観察しましたが、やはり異常はありませんでした。GP2 ノックアウトマウスの子孫は、皆同じノックアウトマウスとして生まれてきました。膨大な研究費と時間をかけて作ったマウスでも結果が全然でなくて、研究上の大きな壁にぶつかり悩んでいたところ、ふと、「生命は機械ではない。生命は流れだ」という言葉を思い出しました。これはボブ・ディランではなく、哲学者や詩人でもなく、ルドルフ・シェーンハイマー（1898 ～ 1941）という、謎の自殺で若くして亡くなった科学者の言葉です。今ではほぼ完全に忘れ去られて教科書にも出てこない人物で、この写真を 1 枚探すのも大変でしたが、「生命は流れである」という彼の言った言葉を捉え直すことで、GP2 がないのに何故生命が普通でいられるのかを研究しました。ここでのシェーンハイマーの問いかけは極めてシンプルです。生きているとは、毎日食べ続けることです。

福岡伸一（ふくおか しんいち）

生物学者・青山学院大学教授

生物学者。1959 年東京生まれ。青山学院大学教授・米国ロックフェラー大学客員教授。サントリー学芸賞を受賞したベストセラー『生物と無生物のあいだ』『動的平衡』など、"生命とは何か"を問い直した著作を数多く発表。近刊は『動的平衡 3』。

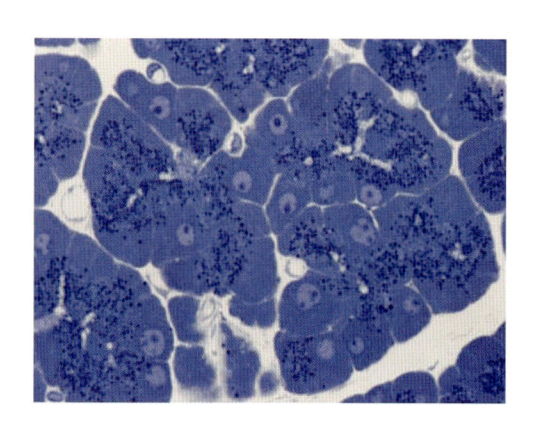

これは生命にとってどういう意味があるのでしょうか？　既に生物学は機械的論に支配されていて、自動車とガソリンの関係に例えられます。自動車を動かすためにはエネルギーが必要で、仕事をするとエネルギーが消費され、二酸化炭素と水になります。生物にとってもエネルギーがあり、取り入れられた食物が酸化されて熱エネルギーになり、燃えカスは汗や尿によって外に捨てられます。大人になると身体が大きくなりますが、一旦できたら自動車メカと同じです。

ガソリンを注ぐ……シェーンハイマーはそれが本当に起こっているのかを分子のレベルで見極めようとしましたが、それには実験上の問題がありました。生命体は細胞というユニットからできており、その細胞はタンパク質からできており、炭素や窒素などの原子からできていて、生命体は粒の塊であり、動物性、植物性など他の生物体の一部でもあります。粒子の集合体が粒子の集合体に入ると、終始を見極めようとしてもどれがどこにいったのかわからなくなってしまうのです。そ

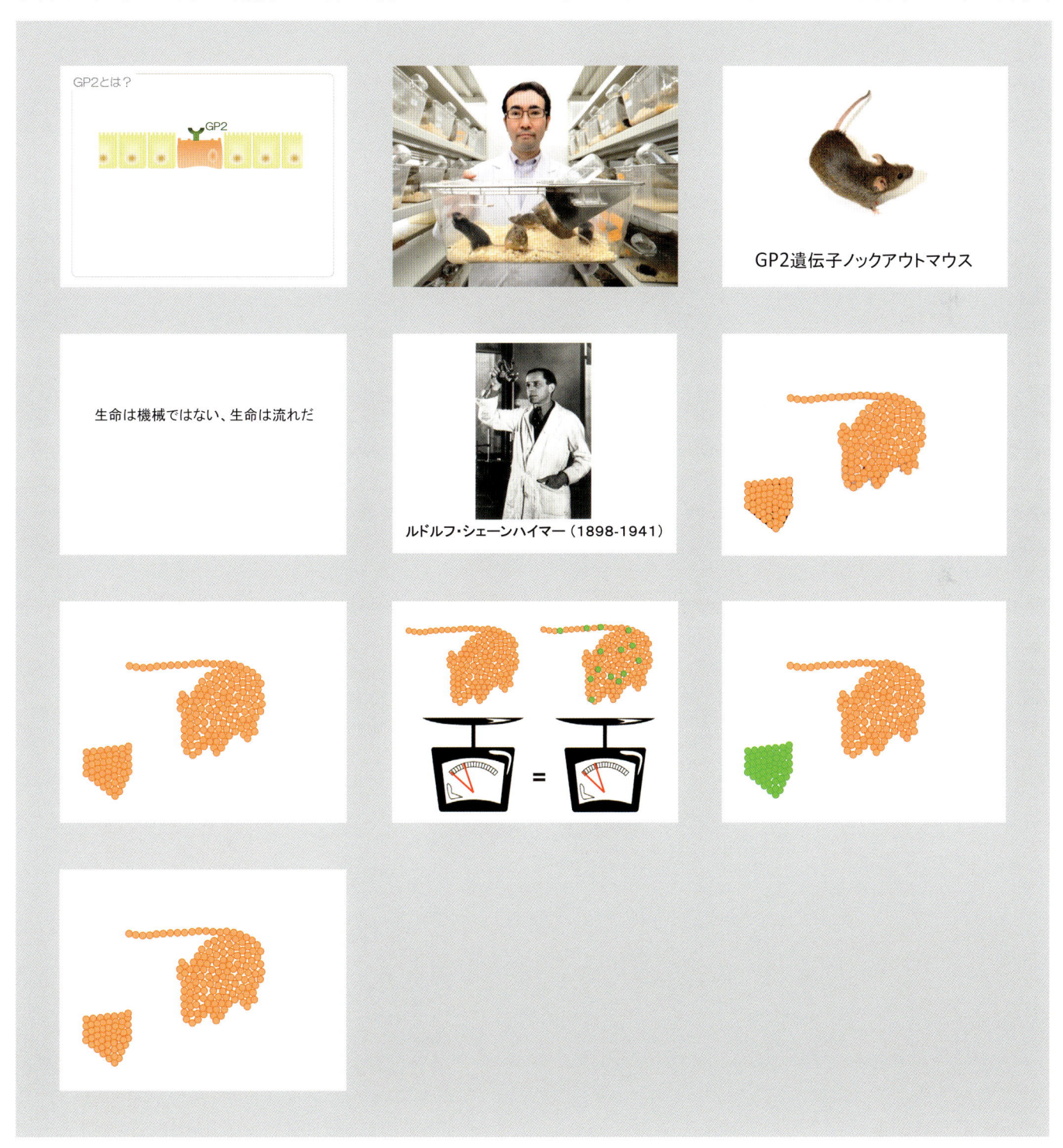

GP2とは？

GP2遺伝子ノックアウトマウス

生命は機械ではない、生命は流れだ

ルドルフ・シェーンハイマー（1898-1941）

こで、食べたほうの粒子にだけ、後でトレースできる標識を付けました。そこでシェーンハイマーに1つのアイデアが閃きました。同じ炭素原子でも質量数が違う炭素原子、つまりアイソトープを標識に使ったのです。食べ物のほうに消えないマーカー線で塗ったように、色は目に見えず、味や栄養素も異ならず、外見上も変わらないエサ……これをマウスに食べさせ、原子の粒が燃やされて酸素と結びつくと、どのような化学反応が起こるかを探究しようとしました。結果、食べた食べ物の半分以上が、マウスのしっぽから体の一部に成り代わってしまった……つまりガソリンが部品になりかわってしまったのです。厳密な実験を行ったので、尿やベントなどもすべて調べましたし、体重も測りました。

成長期は体重が一定で、緑色の粒子が体の中にどんどん増えていったネズミの体重は、食べ物の原子がどんどん貯められているにもかかわらず、ほとんど増減がありませんでした。この実験結果より、シェーンハイマーは、食べ物を食べる行為は体の中の物質をとりかえる行為であると解釈しました。体重が増えないのは、入ってきた原子と同時に、今まであった原子が交換されて外に出ていったのだと、そして自分自身の体における合成と分解の流れを止めないために食べ続けているのだと考えました。私たちの身体の中で、最も早い速度で交換されている場所は消化管の細胞で、大体2日に1度くらいの頻度で入れ替わっています。糞は食べかすではなく、むしろ我々自身の消化管の古い細胞がどんどん捨てられている状態なのです。また、腎臓、食道、脳もまた細胞の中身がものすごい速度で入れ替わっています。昨日の私と今日の私とでは、食べ物の分子原子と入れ替わっているのです。1年もたつと、90%以上の人が物質的に別人になっています。友人・知人でも1年会っていないと、その人はやはり物質的に別人になっているといえるのです。生物とは流体であって、生きているということは、絶え間のない流れの中で、例えばネズミや人間の形をした緩い分子が緩んでいるだけなのです。先日ノーベル賞を受賞された大隅先生も、「細胞はモノを作りだすよりも壊すことを多くやっており、これがオートファジーである」と仰っています。また、シェーンハイマーは、生きているということはダイナミックステート（動的状態）にあるとしました。これにもう一度光を当てて、機械論的に傾き過ぎるのではなくもっとバランスを重要視して、動的平衡と呼んで生命論の中心概念としました。動的平衡とは、簡単に言うならば「要素は絶え間なく更新されているが、同時に絶え間なく平衡を求められている」ということ。常に流れており、常に物が入り物が出ていく……ダイナミックな動的平衡

があるゆえに生命は柔軟かつ可変的で、修復もするし、修復できない時はピンチヒッターが来て新しい平衡状態を作り出す、この観点から生命をとらえなおす方が良いと考えます。

では、なぜ合成・分解しながらもある種の同一性を保てるのでしょうか？　生命を構成している細胞は相補性を有しており、ジグソーパズルのように互いに他を律しながら相互関係を保っています。周りに8つのピースがあり保存されていると、真ん中のピースの形と場所が保存されます。そして全てのピースについて、上下左右で関係性を保ちながら存在しているのです。だからジグソーパズルでは、相補性が保たれているなら、全体像は変わらない。大けがしたら再生できませんが、イモリは再生できます。絶え間のない流れが生命体に必要な理由として、生命が高度な秩序を保つ方法は、きっちりがっちり作ることこそがサスティナブルだと考えられがちですが、10年、20年もっても1万年2万年は持ちません。しかし、生命は38億年連綿と続いています。それはゆるゆる、やわやわ、に創ってきたので、秩序の中にたまるエントロピーの増大があってもサスティナブルだったわけです。

次に、動的平衡と機械論的に生命を見ることの違いを述べます。私は花粉症なので春先は大変なのですが、医者では抗ヒスタミン剤をくれるものの、本来花粉症は病気ではなく、我々の体が持っている免疫システム、本来なら敵と戦うために用意しているものなのです。それがばい菌やウイルスと会う機会がなく、花粉を外敵と見なして無益な戦いをし、結果鼻水を出したり過敏症になってしまったりしているのです。

花粉症は、いくつかの細胞が連携して引き起こされてしまいます。花粉になると、免疫細胞の1つが襲来を察知してヒスタミンを周りにまき散らし、するともう一つの免疫細胞がヒスタミンレセプターを察知して細胞が興奮し、外敵を洗い流そうとします。この反応が進むと苦しくなるのです。機械論的に見て、治すには抗ヒスタミン剤で"遮断"すればよいのです。抗ヒスタミン剤は細胞が持っているヒスタミンの偽物であり、化学構造を似せて作られたもので、服用すると先回りしてレセプターをブロックします。しかし、それ以上の命令は発することができずフリーズしてしまうので、花粉がきても先客がレセプターを占拠しており、効き目を発揮します。これはピンポイントでは合理的ですが、生命は動的平衡であり、それは時間の関数として絶え間なく動いていて、押しかえすという大事なファクターが忘れられています。もし私が、花粉症を恐れるあまりいつも抗ヒスタミン剤を飲み続けていると、動的平衡はリベンジをしてきます。いつもブロックされているので、沢山の抗ヒスタミンを準備して待つようになり、花粉がやってくると大

量にヒスタミンを出して大量のレセプターと合わさります。機械論的に生命を見るのは、一時停止ボタンに過ぎず、落とし穴があるのです。

　生命体は絶え間ない時間の流れのなかで動いていますので、薬を飲み続けているとやがて逆方向に振れてしまいます。ほとんどの薬は何かを"阻害"したりすることで効くので、続けていると薬がだんだん効かなくなってしまいます。抗生物質の場合でも、やがて耐性菌ができてしまいます。生命の流れは絶え間なく、生命とは環境とのキャッチボールで存在しているもの……これが時間のスパンで見てゆく上で重要なことです。以上、動的平衡のコンセプトの話でした。

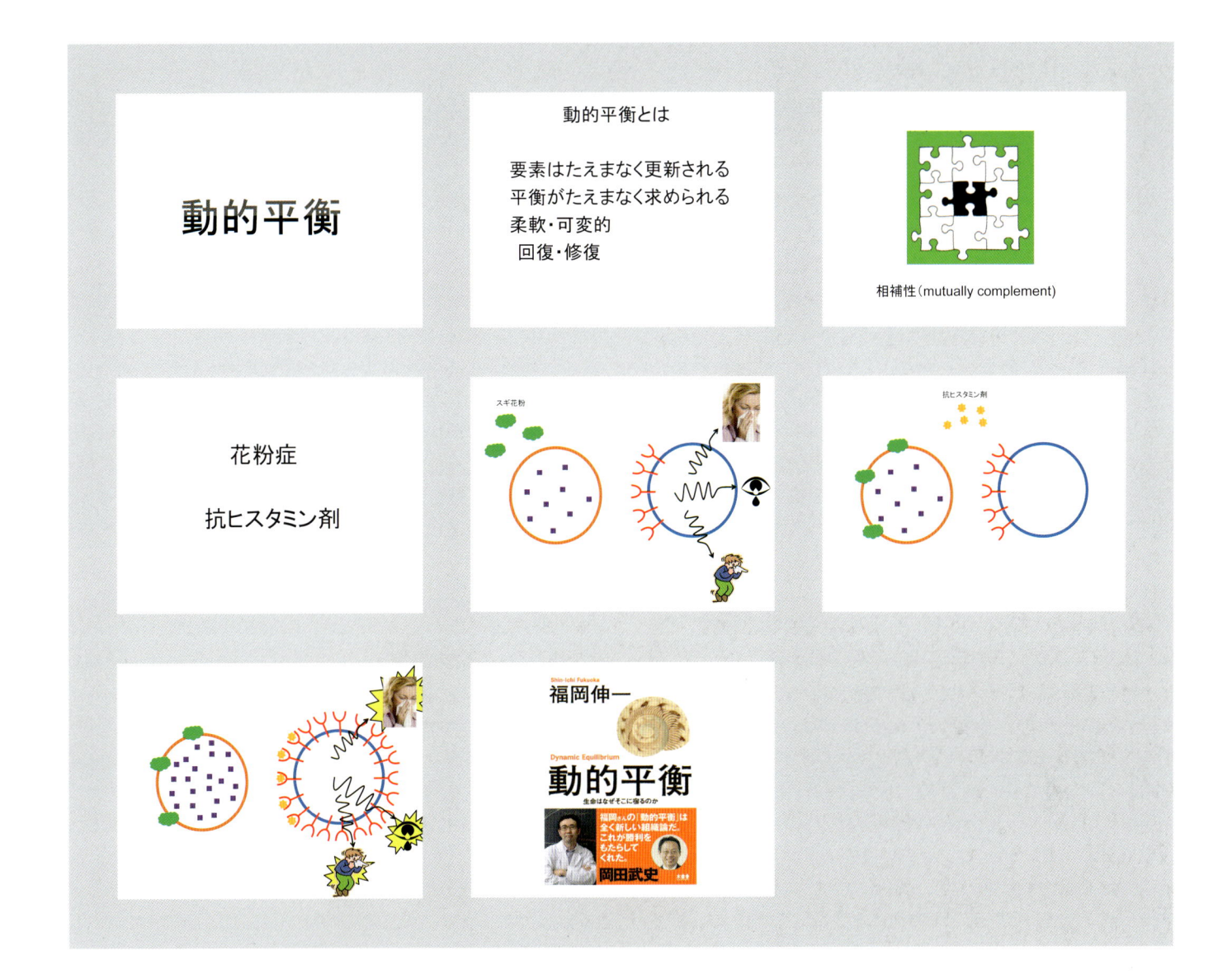

2. 都市は、都市だけでは成り立たない

話／鳥居敏男（環境省 自然環境局 自然環境計画課課長）

私は現在会計課に所属していますが、もともとは農学部出身で、環境省では自然系といわれる職種に属しています。今日は都市とその周辺地域のつながりについてお話ししようと思います。

お手元の資料をご覧ください。国勢調査データでは、人口が集中しているDID地区に着目すると、1960年には日本の人口の43.7%がこのDID地区に住んでいたのですが、2010年には67.3%にまで増加しています。人がどんどん都市に集まってきているのです。東京圏への一極集中もこの流れの中にあります。2015年の国勢調査によれば、日本の総人口は1億2,711万人で調査開始以来、初めて減少に転じましたが、東京、神奈川、千葉、埼玉の東京圏の人口は、5年前と比較して51万人増の3,613万人となり、総人口の4分の1以上を占めています。東京圏の可住地面積は国土の7.3%に過ぎませんが、その地域に総人口の約3割が集中している状態なのです。

では東京圏という大都市は、どのようにして成り立っているのでしょうか。生態系という観点から、生態系サービスの典型である水に着目してみたいと思います。東京都の水道水源のデータによると、利根川・荒川水系と多摩川水系という一級河川の水系でほとんどが占められていますが、その上流域は群馬県や山梨県となっています。また、神奈川県は相模川水系と酒匂川水系で約9割が占められ、それぞれの上流は山梨県、静岡県となっています。

東京都の重要な水源である多摩川の上流は、東京都奥多摩町、山梨県小菅村、丹波山村、甲州市で、特に東京都と山梨県の県境一帯は都の水道水源林となっています。その面積は23,000ヘクタールに及び、そこから水が供給され、都の上水の2割弱を供給しています。東京都水道水源林の歴史をみると、江戸時代、この地域の森林は徳川幕府の領地でしたが、入会権が設定され、生活に必要な林産物は地域の住民が収穫していました。1654年には玉川上水が完成し、江戸の町に水が引かれています。明治になり皇室が管理するようになると、明治34年に東京府が水源地を譲り受け、府自ら森林整備に携わりました。昭和32年には多摩川の上流に小河内ダムが完成し、平成14年には「多摩川水源森林隊」が設立されています。写真は、笠取山付近の変遷です。笠取山は山梨県東部にあるハゲ山でしたが、植林によって今はこ

のように緑豊かな姿になっています。

次に横浜市の水道水源対策をみてみたいと思います。横浜市が山梨県から水源涵養林として山林を買収して約100年が経過します。面積は2,873ヘクタールで、所在する道志村の面積の約36%を占めるに至っています。横浜市水道局では、市民の自主的な水源保全活動を支援するため、平成18年度に「水のふるさと道志の森基金」を設置しています。さらに、森林の持つ生態系サービスを維持するために、神奈川県では平成19年度に水源環境保全税を創設しています。これにより毎年約39億円の税収があり、それを森林や河川の保全・再生などに利用しています。シカによる樹木への食害を防ぐ柵を設置したり、地下水の保全、浄化槽の整備にも利用しています。一方、横浜市には横浜みどり税もあり、水源の保全とは一線を画す事業に充て、結果的には緑の保全にもつながっています。神奈川県の水源地である丹沢山系ではシカ対策も行われています。丹沢ではシカが多く、樹皮を剥がされたりして木が枯れることにより、表層土が流されて水源涵養機能の低下が問題となっています。これは10年以上前の写真ですが、木にネットを巻き、植生保護柵を設置してシカの食害を防いでいます。元々丹沢はハゲ山だったのですが、その後かなり植生の回復がみられたものの、近年はシカの食害が深刻化しています。

これまで水の話をしてきましたが、農村、地方、都市というのはどういう関係にあるのでしょうか。日本の人口が東京圏に集中していると言いましたが、都市は自立しているわけではなく、例えば飲み水は上流の地域に頼っています。食料も人が生きていく上でなくてはならないものですが、都市以外の地域に依存しています。しかし、その一方で農山漁村は人口減少や高齢化によって山の管理も行き届かない厳しい状態にあります。都市化が進む中、農山漁村における森里川海といった「自然資本」をどう維持、管理していくのか。これは都市にとっても死活問題です。水や食料の問題だけでなく、防災の観点からも重要です。昨年（平成27年）9月の台風で鬼怒川が決壊して大水害がありましたが、その近くの利根川水系では渡良瀬遊水地のおかげで下流への被害が小さくてすみました。水を蓄える湿地の持つ防災機能も、下流の都市にとっては非常に重要であるということを踏まえて、その

鳥居敏男（とりい としお）

環境省 自然環境局
自然環境計画課課長

1961年大阪府生まれ。84年、環境庁（当時）入庁。富士箱根伊豆、上信越高原、瀬戸内海などの国立公園管理事務所のほか、自然環境局計画課、野生生物課、生物多様性地球戦略企画室等に勤務。国立公園課長を経て2014年7月から現職。

1. 人口分布の偏り

（1）DID*人口の比率
　　昭和35年（1960）43.7％ → 平成22年（2010）67.3％
　　DID*：国勢調査の基本単位区を基礎単位とし、市区町村の境域内で人口密度の
　　　　　高い地域として設定された人口集中地区。

（2）東京圏への一極集中
- 日本の総人口は1億2,711万人。調査開始以来初の減少。
　　　　　　　　　　　　　（平成27年国勢調査結果）

- 東京、神奈川、千葉、埼玉の東京圏の人口は、5年前と
　比較して51万人増加の3,613万人となり、総人口の4分の
　1以上を占めている。

- 東京圏の可住地面積は、国土の7.3％に過ぎないが、そ
　の地域に全国の3割弱の人口が集中。

　　出典：総務省資料　2010、2015年の国勢調査結果など

2. 東京都、神奈川県の水道水源

（1）東京都の上水道の水源別構成比
　　利根川・荒川水系　　78％　上流は群馬県ほか
　　多摩川水系　　　　　19％　上流は山梨県
　　その他　　　　　　　 3％
　　　　出典：東京都水道局資料

（2）神奈川県の上水道の水源別構成比
　　相模川水系　　　　　61％　上流は山梨県
　　酒匂川水系　　　　　31％　上流は静岡県
　　その他　　　　　　　 8％　丹沢の湧水など
　　　　出典：神奈川県水道局資料

東京都の水道水源林

所 在：東京都 奥多摩町
　　　　山梨県 小菅村、丹波山村、
　　　　　　　　甲州市
面 積：約23,000ha

　　　　　出典：東京都水道局資料より抜粋

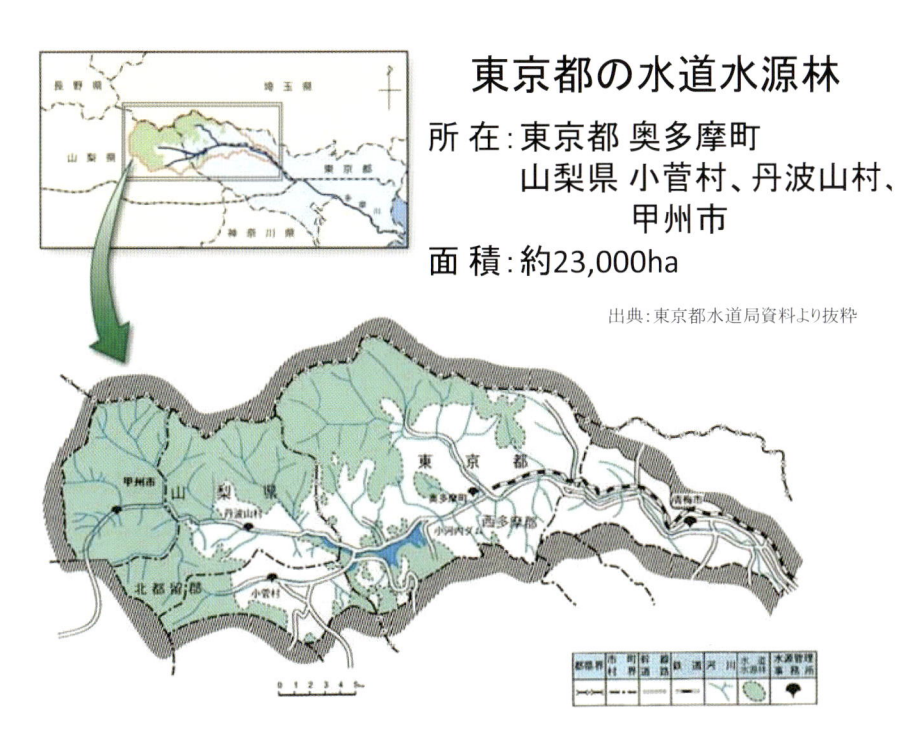

東京都水道水源林の歴史

江戸時代　おおむね徳川幕府の領地。入会権の設定、生活に
　　　　　必要な林産物の収穫。1654 玉川上水完成
明治元～30年　官林に編入。その後御料林へ。入会権の制約
明治34年　水源地整備のため、東京府が御料林を譲受け。
　　　　　府自ら森林経営
それ以降　東京市→東京都が順次水源林を取得
昭和32年　小河内ダム完成
平成14年　多摩川水源森林隊を設立

東京都水道局
資料より抜粋

横浜市の水道水源対策

- 大正5年（1916年）に横浜市が山梨県から山林を買収。
　以来、100年にわたり、道志水源かん養林は道志川
　の水を横浜市民に安定して供給。

- 横浜市が所有する水源かん養林の面積は2,873ha。
　道志村の総面積7,957haの約36％。内訳は、ヒノキを
　中心とした人工林が1,032ha、ブナなどの広葉樹やモ
　ミ・ツガなどの針葉樹の天然林が1,554ha、沢筋や崖
　地等が297ha。

- 横浜市水道局では、「NPO法人道志水源林ボランティ
　アの会」などを中心とした市民の方々の自主的な水源
　保全活動を支援するため、平成18年度に「水のふるさ
　と道志の森基金」を設置。

　　出典：横浜市水道局資料より

神奈川県の水源環境保全税

名　　称：水源環境保全税（平成19年度～）
税　　収：年平均約39億円
主な使途：
　　　森林の保全・再生、河川の保全・再生、
　　　地下水の保全・再生、水源環境への負荷軽減

（参考）横浜みどり税（平成21年度～）
税　　収：年平均約24億円
　主な使途：樹林地の買上げ、樹林地・農地の保全、
　　　　　　緑化の推進、維持管理の充実、市民参加の促進

出典：神奈川県及び横浜市資料より

丹沢山系のシカ対策

保全や管理について考えていかなくてはなりません。

　農山漁村は都市に水や食料などの資源や防災といった生態系サービスを供給し、都市は農山漁村に資金や人材を提供する。両者 Win-Win の関係を築いてゆく「地域循環共生圏」という地域のあり方が重要です。環境省では、平成 26 年 12 月から省横断的な「つなげよう、支えよう森里川海」プロジェクトに着手しました。基本的な考え方をまとめた提言を今年 9 月に出したところですが、その中では、森里川海という自然資源を地域で支えるには限界が来ているということ、したがって国全体で支え、国として資金と人材を確保し、地域を支える仕組みをつくっていこうということを掲げています。また実証的なモデル事業を実施して、地域の取組を資金の確保や人材の育成といった観点から支える仕組みをつくっていこうとしています。都市は、決して都市だけで成り立っているわけではなく、色々な資源を維持している"都市の外側"とつながっていかなくてはならないのです。

地域循環共生圏の考え方

中央環境審議会意見具申（2014.7）より抜粋
－環境・生命文明社会のイメージ「地域循環共生圏」

森里川海をつなぎ、支えていくために（提言）　平成28年9月

前文－プロジェクトの背景・目標等

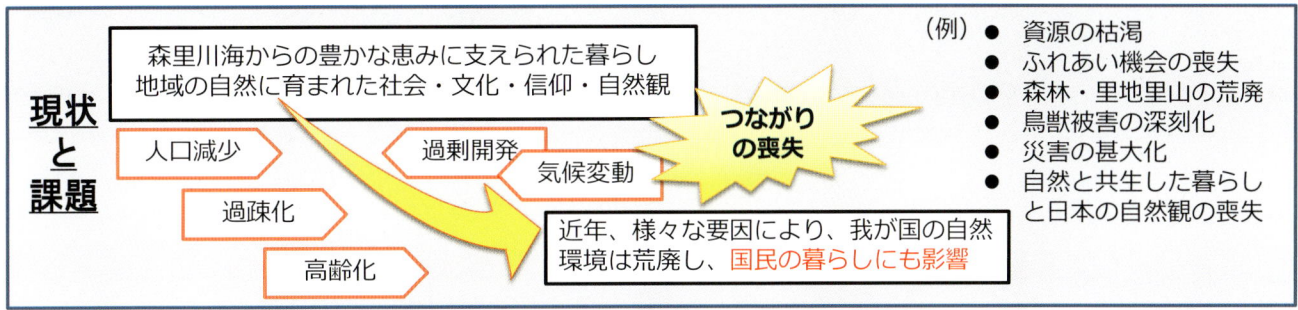

現状と課題

森里川海からの豊かな恵みに支えられた暮らし
地域の自然に育まれた社会・文化・信仰・自然観

人口減少

過疎化

高齢化

過剰開発

気候変動

つながりの喪失

近年、様々な要因により、我が国の自然環境は荒廃し、国民の暮らしにも影響

（例）
- 資源の枯渇
- ふれあい機会の喪失
- 森林・里地里山の荒廃
- 鳥獣被害の深刻化
- 災害の甚大化
- 自然と共生した暮らしと日本の自然観の喪失

森里川海で拓く成熟した社会づくり

- 再生可能エネルギーの活用で地域経済を回す
- 個性ある風土づくりで交流人口の増加を図る
- 安心・安全な衣食住を提供する
- 少量多品種、高付加価値化の一次産品づくりへ
- 生態系を活用して防災・減災を図る

目標

森里川海を豊かに保ち、その恵みを引き出す
自然が本来もつ力を引き出すことで森里川海と恵みが循環する社会

一人一人が、森里川海の恵みを支える社会をつくる
森里川海の恵みの持続的利用により、人と自然、人と人が共生する社会

基本原則

- 人口減少・高齢化が進むことを逆手にとる
- 地方創生に貢献する
- 地域だけでなく国全体で支える
- 縦割りを解消、関係者間、地域間の一層の連携
- 目指す姿からバックキャスティングアプローチをとる
- 別の目的のための取組にも配慮

具体的な取組アイデア

①地域の草の根の取組

- 8つのプログラム

- 森林のメタボ解消、健全化プログラム
- 生態系を活用したしなやかな災害対策プログラム
- 江戸前」など地域産食材再生にも貢献する豊かな水循環形成プログラム
- トキやコウノトリなどが舞う国土づくりプログラム
- 美しい日本の風景再生プログラム
- 森里川海からの産業創造プログラム
- シカなどの鳥獣や外来生物から国土・国民生活を守るプログラム
- 自然資本を活かした健康で心豊かな社会づくりプログラム

②実現に向けた仕組み

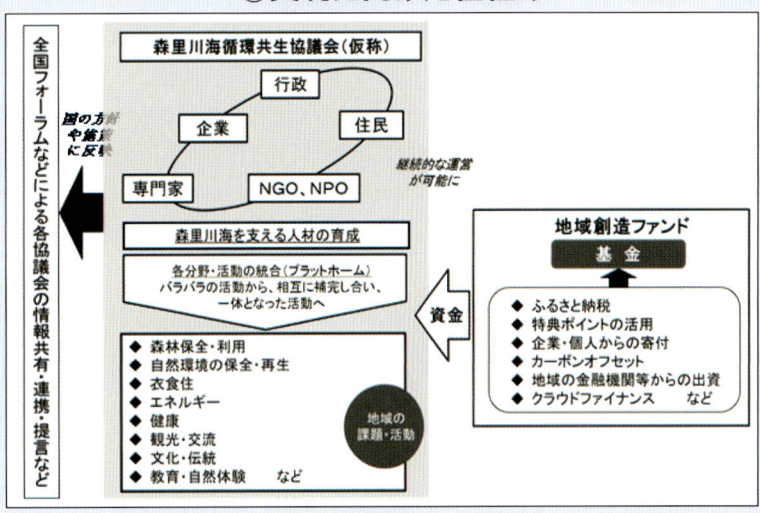

③ライフスタイルの変革

自然の循環を基盤とし、その恵みを自立的かつ持続的に享受できるライフスタイルの実現

- 3つのプログラム
- 森里川海の中で遊ぶ子どもの復活プログラム
- 森里川海とつながるライフスタイルへの変革プログラム
- 森里川海の恵みの見える化プログラム

低炭素・資源循環・自然共生が同時に達成される真に持続可能な循環共生型の地域社会（環境・生命文明社会）を創造

今後の進め方
- 資金を確保する仕組みについては、2～3年程度かけてモデル事例をつくる
- 森里川海を支えることの必要性について、できる限り早期に国民的な合意を得ることが不可欠
- ライフスタイルの変革に向けては、各主体においても積極的に実施

3. パネルディスカッション

ゲスト／田中　章、鳥居敏男、福岡伸一、涌井史郎
ファシリテーター／吉﨑真司

Q. 身体に悪いものばかり食べていると身体が悪いもので構成され、生物的に弱いものになっていくということはあるのでしょうか？

福岡： その通りです。コンビニ弁当には品質を保持するために本来、我々の動的平衡に不必要な分子がたくさん入っています。それが身体に取り込まれると動的平衡のネットワークを乱してしまいます。その分子を排除するために不必要な生化学反応が必要であったり、排除しきれずに細胞の中に蓄積してしまったり、エントロピー増大の問題を引き起こします。それが蓄積されると、動的平衡のエントロピーを排泄するという本来の働きが鈍ってしまうため、その生物は死滅すると考えられます。

涌井： 滞ることない時間の流れの中に我々生命は存在していると伺い、感銘を受けました。

　300年前の都市の理想の姿と今の都市の理想の姿はまったく違います。都市計画という言葉も古くなってきています。都市を先に考えるのではなく、ネイバーフッドを先に考える。ネイバーフッドの結果、どういった都市にするべきなのかという風にアプローチが全く変わってきています。日本の場合は島国であるがゆえに閉鎖系の社会で、自立的に循環していかないと全体の機能分担がうまく行き届きません。ゆえに生態系サービス、いわゆる自然の恵みに依存する割合が多くなります。しかし、鎖国に加えて幕藩体制で藩というクローズドなシステムがあったので、余計にそれぞれの地域がトポス（場所、もしくは場所に結びついた知恵）の知恵を煮詰めていかないといけませんでした。しかし、有機的に結合し、相互に相補性を持っていたため、今以上に心とか自然と共生する観点で見れば豊かな社会が形成されていました。そうしたものが現在はどんどん破壊されています。それを森里川海の連環で一体化していこうと考えています。福岡先生のおっしゃっていることと哲学的、概念的な意味では基本的な心理としては変わらないのではないかなという印象を持ちました。

鳥居： 福岡先生の話とは相通じるものがあると思います。流れの中で農山漁村とつながっているのが都市なのかなと思いました。流れというのは水だけでなく、エネルギー、情報、人というのもあると思います。平衡状態なのかどうかは置いておいて、常に出入りがないと成り立たないのが都市ですから、その中で将来の我々にとって少しでも良くしていくにはどうしたらいいかを考えていかないといけないと感じました。

福岡： どうしても人間の脳は世界に境界を引いて領域の中で考えてしまうくせがありますが、自然は全体として様々なコネクティビティによりつながっていて、そこを流れが澱みなく動いています。したがって、切り取ってしまって局所的な最大効率を求めると全体の不幸につながるということが起こっています。いかに広い視点を持つこと、つなげていくことがとても大事で、都市緑化で緑地、公園を作ることは大事ですが、自然をつなぐためには公園と公園が何らかの方法でつながっていないといけません。つながる仕組みを回復していかなければいけないと感じました。

田中： 最近できた大手町の森はスポット的に見ればビル群の中に雑木林ができたと見ることができますが、遠くから見ると皇居の自然とのコネクティビティも考えて全体として生態系のネットワークが形成されています。最近はそういうようなことが開発の中でも考えられてきているという感じがします。

Q. 維持管理に関するビジネスは十分インセンティブが取れると思いますが、維持管理の人材育成はどのように行われるのでしょうか？

鳥居： 人の動きを地方に向かせることは大きな課題だと思います。しかし、その兆しは見えていて、若者が地方で働くことを希望するということは確実に増えてきています。しかし、なかなか職場がないということもありますので、受け皿をつくることが必要だと思っています。また都会の子どもに地方で自然体験をさせることが人材育成につながると思います。総務省がふるさと地域起こし協力隊というのを行っていて、

3,000 人からさらに増やしていこうとしています。これに応募する人は若い人だけではありません。こういった行政側からの支援を増やすことも必要だと思います。地方で働くことに関心を持ち、汗を流してもいいという思いをもつ人は増えてきているので、受け皿をどうやって作っていくかを考えていく必要があります。

涌井：一つの答えは今政府が行っているコンパクトシティの政策かも知れません。機能集約でインフラの分担率を効率よく行うこと。これは環境面からいっても効率面からいっても正しい答えだと思います。ただし、政策として一番抜けているのが、コンパクトシティを実現してインフラについて効率の良い経済、システムを作ったとして、都市を支える食糧や水そしてエネルギーはどこから来るのかという解ではないでしょうか。そこをきちんと担保しないといけなのではないか。今の政府の政策は集めることだけ考えて、地域創生といっている割に現実的には過疎を作り出しているだけ。スーパーメガリージョン構想で名古屋を東京の郊外にするために、45 分でリニア新幹線でつなぎます。それは生産年齢人口が 2030 年から縮退して 4,000 万人を切る可能性があり、生産年齢人口の縮退は GDP の縮退につながるので、生産性を上げることが重要で、そのためには人を集めたほうがいい。では、地方はどうなるのでしょうか。

　私の実証的社会実験の例でご説明します。岐阜県の山奥にある揖斐川町に防災用の光ファイバーが通っていて、年に一回か二回しか使われません。これを使って起業支援をしようとする実験です。IoT とかICT とかの世界になると地理的な不便さを無くすことができます。要するに古典的な政策で日本のグランドデザインをしようとしているところに問題がでてきています。人口が集約しているところは生産性もあるので、受益者負担も払いやすい。農村下水は将来ものすごい赤字になってしまいます。本来不必要なインフラが無駄にインフラとして称されていて、これをどう見直すのかが大事で、そのためには自立的に循環できるシステムをどう再構築するのか、それぞれのユニットがどうつながっていくのが望ましいのか、どういう動的平衡が望ましいのか、空間のスケールの単位によって違ってくると思います。そこを考えること

が重要だと思います。

　福岡先生は分子生物学の権威というだけでなく、「美」の世界でフェルメールの権威でもあります。全体像の最適化に「美」という概念が重要になってくると思います。美しい都市とはどうあるべきなのかというところに答えがあると思っています。

田中：地方で維持管理のインセンティブをどうするのか。革新的な緑のビジネスとして生物多様性オフセットとかミティゲーション・バンクを行う会社が他の先進国にはいっぱいあり、大学で動物、植物、自然保護などを学んだ人が生き生きと働いています。今の日本で自然を保護するだとか里山を維持することに専門性を 100％発揮して、それが職業になるということは非常に限られているので、そういった受け皿となる仕組みを作ることが大事で、同時に自然の維持管理を人生の喜びにできる人材を大学などで育てていかないといけないと思います。

福岡：地方の限界集落では上水道から破綻していくといわれています。維持管理が難しくなり、水道料金を上げざるを得なくなってきます。エネルギーや水の流れを市町村単位で分けてしまっていることに問題があると思います。東京とそれ以外の地方都市の間により緊密な連携をつくるというのが国土像になっていますが、中央と地方、中枢と抹消というのは人間が勝手に見立てているのであって、生命にとって中枢も抹消もなく、生命の歴史をみると脳が必要でない生命もたくさんいます。脳ができた理由は、脳が抹消の情報を吸い上げて再分配していて、便利だからです。サッカーの岡田監督が動的平衡のコンセプトに感銘を受けて本の帯に「福岡さんの動的平衡は全く新しい組織論だ。これが勝利をもたらしてくれた」と書いてくださったのですが、生命と言うのは中央集権的な仕組みではなくて、分散的な仕組みなのです。サッカー選手がお互いに相補的に、分散的に働くことができれば理想なサッカーができますが、その時に一番必要でない人が監督なのです。中央と地方というコンセプトをもう一度生命的に取り戻して、分散的にすることが今後必要ではないかと思います。

田中：福岡先生の話で、生命体がまとまったものを積極的に維持しようとしている力が働いているというよりも、むしろどんどん積極的に分解や破壊、放出をすることで平衡が保たれているということは、私の提案している「里山バンク」を含め都市や地域のまちのあり方に何かヒントがある気がします。

福岡：好きな場所のスライドを紹介します。1つは、水の都市として知られるイタリアのベネチアです。運河が網の目のように張り巡らされており、この運河の水は海と繋がっていて絶え間のない流れを有しています。ここでは水路は地域を隔離しているのではなく、それぞれの場所を水路がつないでおり、千数百年にわたって、水が流れると同時に人々の交流を支えているのです。次にデルフト。ここはオランダの地域でフェルメールの町、端から端まで10分、17世紀に芸術や金融、等、都市が色々な流れの結節点になっています。ニューヨークは絶え間なく人が流れ込んできて、人の流れがよどまないというのが素晴らしい点です。そして小網代、ここは三浦半島の場末で、自然保全の1つの理想的なモデルケースです。1つの流域が水源地から河口までほんの2kmしかなく、一体化して保全することに成功しています。元々京急の大開発の予定地だったのですが、バブル崩壊で頓挫し、尾瀬のように各流域の自然がそのまま保全されています。最後に、わが町 二子玉川。この町はどんどん変貌していて、とどまることなく動的平衡で、開かれた都市として発展しています。絶え間ない流れを実感できる素敵な町で、生涯住み続けたいと思っています。

Q：私は23,000人が暮らし、人口が減ったことのない成城という街の自治会会長をしています。国分寺崖線には湧水があり、緑地保全地区があり、管理責任者を担っています。成城は二子玉川を羨ましいと思う反面、これからの日本の都会の新しい問題もクリアしながら東京の街の作り方対策をそういう視点でも作って行っていただきたいのですが、その対策をどうお考えですか？　地球温暖化の時代で100ミリ以上の雨が降るのも当たり前という今、下水道や治水上の問題と緑の問題をうまく合わせ、東京を住みやすい街を変えてゆくグリーンインフラを取り入れて、あらゆるチャンスにアドバルーンを上げていただきたいと思います。

涌井：エコロジーとエコノミーというものを古代ギリシャ人は一緒に考えていました。"エコ"は共同体や家という意味の"オイコス"、その秩序"ノモス"を合わせたものがエコノミーの語源だといわれています。その心理"ロゴス"を合わせたものがエコロジーの語源といわれています。つまり、より良い共同体を形作るためにはそこに秩序がなければならないし、心理を探求する気持ちがなければいけません。しかし産業革命以来、それが二つに分断されてしまっています。今はひたすらお金が中心になっています。しかし、お金も確かに大切だけども、幸福感をどういう風に位置づけていくのかがすごく問われていると思います。感性価値や幸福感のレセプターをどう自分が満足していくかということを中心に考えていくことが、これからの国土像の原点になります。それがアーバンからネイバーフッドを考える。よりよい近隣の単位がどうなのかを考えながら全体像のアーバンを考えるという新しい流れができてきています。グリーンインフラやグリーンネイバーフッドとの考え方の中で我々がどう自然と同化するかということがとても大事で、そのヒントは江戸にあったと考えています。

鳥居：たかだか100年くらいで我々の考え方は大きく変わりました。しかし、逆に言うと100年経てば、また大きく変われるのではないかと思います。我々が何を目指していくのかというのは、これまでの100年とこれからの100年でまさに変わってくると思いますので、是非変えていきましょう。

福岡：ボブ・ディランは「答えは風の中にある」と人々を煙に巻いてノーベル賞を取りましたが、私は「答えは動的平衡の流れの中にある」と言いたいと思います。

田中：これからの地域作りというのは生態的な地理上の単位を考えないといけないと思っています。極端な話し、例えば、人が100人居住する場合、半径何m以内に木が何本ないといけないかということを考えるということです。大規模集中型ではなく小規模分散かつ連携型で流域あるいは集水域のような生態的な単位でどれだけ自給自足できるかということを考え始めなければいけないと感じています。

　このような、ある地域の中で生態的マイナスと生態的プラスのバランスがとれた地域のことを、私は「グリーン・リージョン」、緑の地域と呼んでいます。

吉﨑：鳥居先生と涌井先生と福岡先生に来ていただいた最大の理由は、福岡先生の動的平衡、流れが都市とどうリンクさせるのか、森林

田中 章氏

鳥居敏男氏

072

科学は動的平衡、福岡先生の話では、入るものが新しいものを作る時に一つ回っていくときに、都市の中でのスクラップアンドビルド、どこかを壊すときに、ちょっとした新しいものを付け加えながら新しい流れを都市の中に創ってゆくきっかけを三人の先生から伺いました。

福岡伸一氏

涌井史郎氏

第5章 「まちづくりの各セクターの役割」について

福田紀彦 / 川崎市長

澤田　伸 / 渋谷区副区長

浮穴浩一 / 大和リース株式会社取締役常務執行役員 民間活力研究所担当

室田昌子 / 東京都市大学環境学部教授

枝廣淳子 / 東京都市大学環境学部教授

日本古来の助け合いの精神でヒューマンスケールの「まち」を市民・企業・行政・大学の役割を考えながら創ることが重要です。本学と連携して地域づくりに取り組まれてる川崎市長の福田紀彦氏と渋谷区副区長の澤田伸氏と、公民連携でまちづくりを行っている大和リース株式会社の浮穴浩一氏にお越し頂き、ポストオリンピックに、田園都市線沿いの一大文化圏で「生態環境未来都市」を実現させる展望などを含め、未来のまちづくりについて語っていただきます。そして、近隣地区の復権による生活優先の「生態環境未来都市」の実現について本学の室田教授、枝廣教授と共に議論を深めます。

1. 多様な主体との連携

話／福田紀彦（川崎市長）

多様な主体と川崎市がどのように協働していくか、色々なセクターとコラボレーションしていますが、本日は田園都市線沿線に限定していくつかの事例を発表いたします。

まず、川崎市のブランドメッセージについてお話しします。川崎市ができてから92年目を迎え、100周年に向けてどんなまちになりたいのか示すものとして策定しました。92年前には人口4万8千人でしたが、現在は149万人、2018年には150万人に達します。国内外から色々な人が集まってきて、川崎市は発展しました。これからも多様性の未来がつくられていくことを、川崎市の誇りと捉えています。赤緑青は光の三原色、交じり合うことでどんな色でもつくりだすことが出来ます。色々な主体とのコラボレーションで無限の可能性ができるという今日の趣旨にも合っているかと思います。

川崎市の人口は昨年1年間で1万4千人増えていますが、20代、30代の若い年齢層の人が移り住んでいます。若者に選ばれているまちとして、20ある全国の政令指定都市の中でずっと人口の増加率1位を維持し続けています。川崎市の強みは、生産年齢の人口が非常に多いところです。65歳以上の人が21%を超えると超高齢化社会といいますが、いまだに18%台を維持しており、平均年齢が大都市の中で最も若いです。加えて大都市ランキングで、1人当たりの課税所得額も1位、製造品出荷額も1位です。

川崎市には海から山まで行政区が7つありますが、田園都市線沿線にスポットを当てていくつかの事例をお話します。今までは自治体同士が競争していましたが、今は自治体間連携の時代です。川崎市は多摩川を隔てて世田谷区と隣接していますが、年1回花火大会を一緒にやるだけでした。多摩川で隔てるのではなく、多摩川で繋がる自治体になろう……と、保坂区長と連携することになり、例えば色々な大学の学生と中小企業とのマッチング、環境分野での人材交流も始めています。隣の横浜市とは政令指定都市連携をしています。横浜市は待機児童ゼロを達成していますが、私が市長に就任した当時、神奈川県内で最も待機児童が多いのが川崎市でした。川崎市宮前区の自宅から100m歩くと横浜市になるのですが、市境で行政サービスが切れてしまいます。これは良くないと思い、横浜市の林市長に電話して、市民は市

境に関係なく生活しているので、市境で保育所を共同整備し、既存の市境にある市民はどちらにも行けるようにしましょうという行政サービスを始めました。これは全国でも初の事例であり、総務省でも驚かれて全国的に宣伝していただいています。次に企業との連携です。東急電鉄と協定を結び、沿線のまちづくり、沿線の価値の向上を一緒にやっていこうということになりました。鉄道事業者であるという以上にまちづくりの事業者であり、豊富なまちづくりのノウハウを有している東急電鉄と連携することで、沿線の価値をどんどん高めていこうと考えたのです。例として高架下を利用したり、元社員寮をリノベーションしてソーシャルアパート等の建物の新しい利用方法を一緒に生み出したりしています。また、高齢化率がスポット的に進んでいて若い世代と住み替えをしないともたない、地域が崩壊してしまうという課題から、シニア世代には駅近くのマンションに、一方で子育て世代には郊外の大きな敷地に住んでもらう住み替えの促進を行っています。

また、川崎市は全般的にスポーツ施設に恵まれていません。市街化が進んでいる中、スポーツジムやスイミングプールの数は多いのですが、一方で広場のような運動施設は少なく、パラスポーツの施設はさらに少ないです。そこで民間企業の皆さんに声掛けをして、障害者スポーツ普及促進のため、施設をお借りする取組を行っています。

次に、地域との連携です。等々力緑地に川崎フロンターレの第2サッカー場があります。ここは素晴らしい天然芝のサッカー場でしたが、天然芝が素晴らしすぎて、それ以上使うと芝が傷むということで利用時間が10時から16時と限定的でした。そうしたところ、川崎フロンターレは下部組織やジュニアの練習場の確保に困っていたので、下部組織が一定使用するという条件で、ナイター設備と人工芝を負担付き寄付という形で提供してくださいました。これによりフロンターレ下部組織も市民も利用枠が10倍に増え、平日の朝から夜、土日も使えるようになり、川崎市の費用負担も無く皆がWin-Winとなりました。

また、本市では、夏休みに水泳指導ではなく水遊びの場として学校のプールを開放していましたが、監視員や水の管理等でかなりの費用がかかっていました。そこで、民間のスイミングスクールの授業のない空いている時間帯にプールを借り、格安価格で子供たちを指導しても

福田紀彦（ふくだ のりひこ）

川崎市長

神奈川県川崎市出身。米国ファーマン大学政治学専攻卒。神奈川県議会議員（2期）などを経て、2013年11月から川崎市長。市長に就任以来、自治体、企業・NPOなどの様々な主体と連携・協働したまちづくりを進めている。

Colors, Future!

いろいろって、未来。

多様性は、あたたかさ。多様性は、可能性。

川崎は、1色ではありません。

あかるく。あざやかに。重なり合う。

明日は、何色の川崎と出会おう。

次の100年へ向けて。

あたらしい川崎を生み出していこう。

川崎市

らうことにしました。これによってスイミングスクールにとっては新しい利用客の確保に繋がり、同時に川崎市にとっては負担削減、プロ指導による泳力向上に繋がりました。これもまた皆が Win-Win になるような事業・取組と言えるでしょう。

　次に NPO との連携です。現在は人口の６％が障害者であり、分離されている状態です。これについて NPO と協定を結び、今まで招かれる立場だった障害者が、自ら招く側に変えましょうということで取り組んでいます。川崎フロンターレのホームゲームでは、障害者が"招く側"のスタッフとして働いています。重要なことは、感覚を変えて、多様な主体が連携して、新しい価値を作り出していこうということです。

　価値は、理念的に言っても浸透しません。具体的にアクションを起こし、行動を変えることで意識を変えるのが早道。そのための取組を１つずつ進めていきたいと考えております。

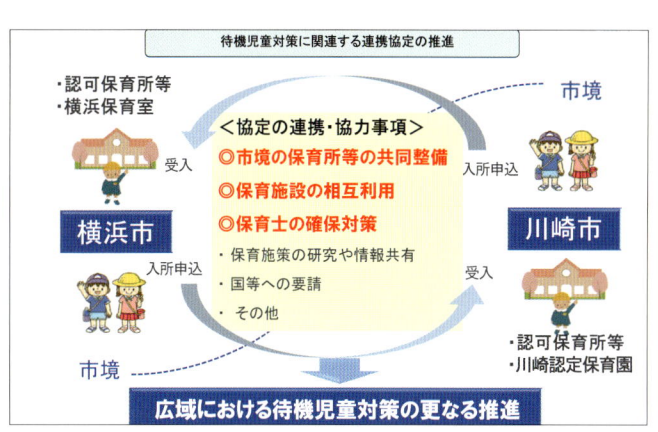

横浜市との連携・協力の取組

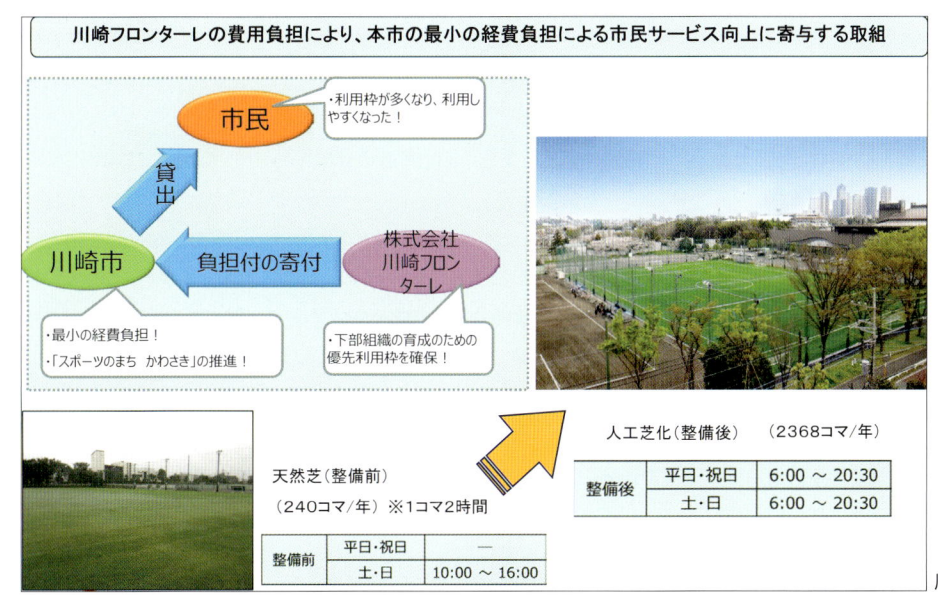

川崎フロンターレとの連携によるサッカー場の整備

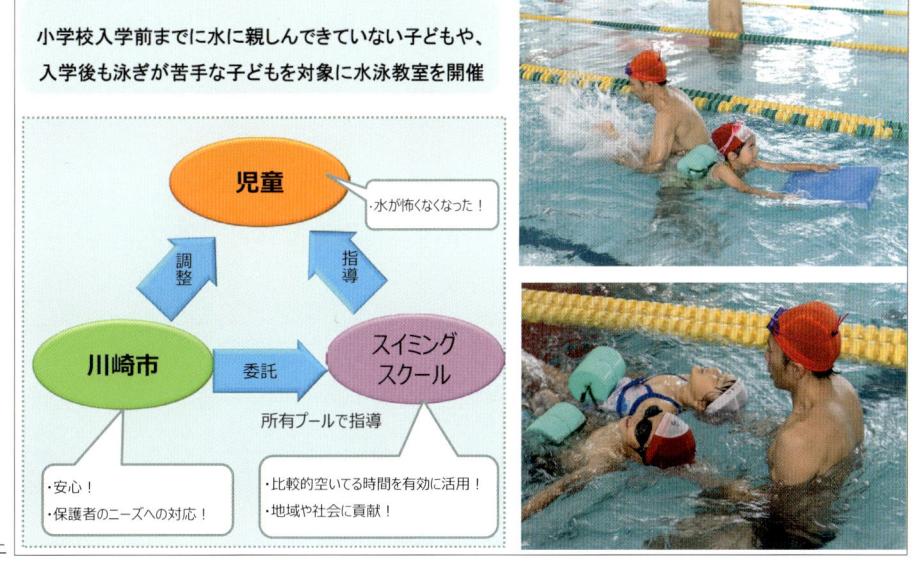

スイミングクラブ等との連携による子ども達の泳力向上

2. クロスセクターによる共創型のまちづくり

話／澤田　伸（渋谷区副区長）

　みなさんこんにちは、渋谷区副区長の澤田です。昨年まで民間企業に勤務しておりましたので、専門的な行政経験はありません。本日は私自身の自治体に対する大きな気づきも交えつつ、テーマである"共創"に落とし込んでいきます。就任時に区長からのミッションとして「新しい基本構想の策定」を依頼されました。1年前に審議会を立ち上げ、民間企業でいうところの経営ビジョンにあたる、渋谷区基本構想「ちがいを ちからに 変える街。渋谷区」といったビジョン・ステートメントが、先般まさに区議会において承認されたところです。これから年末年始に向けて、渋谷らしいユニークなプロモーションを行い、様々なリソースを使って国内外に発信していきたいと思っております。また、今後10年の基本計画策定に向けて、基本構想は7つの分野ごとに戦略と計画を用意しています。これからの社会変化に合わせ、しっかりとPDCA（plan-do-check-act cycle）を行っていく仕組みも構築します。今後はマーケティング、ファイナンス、テクノロジー……これらのソリューションを駆使して、行政を加速的に地域社会課題のソリューション・カンパニーに変えてゆくことにチャレンジしたいと考えます。また、民間と同等の財務管理システムとアセットマネジメントの実行にも挑戦したいと思います。

　渋谷区は約1兆円近い資産を有しており、それらを有効に活用するためにも、定期借地権、PPP／PFIなどの多様な官民連携手法を今後のエリアのニーズに合ったファシリティ開発に活かしていきたいと思います。様々なエリアにおいて老朽化した建物の価値を再編しながら、未来志向のファシリティの在り方に民間活力を導入していきます。それには、市民との合意形成が非常に重要になってきます。渋谷区は経営のオープン化が若干遅れていますので、民間のIR（Investor Relations）と同レベルまで経営状況を見える化し、経営効率の悪い事業領域を改善しつつ、効率が上がってきたら投資を始めてその説明責任を果たしていきます。合言葉は、デジタルの力でどれだけ業務生産性を向上させうるか。行政はこれまでデジタルテクノロジー導入が遅れていましたが、ITを使って任期中に色々と変えていくことにしました。例えば職員のワークスタイル。セクターを横断するには職員そのものが変わらなくてはならず、従来の公務員スタイルは苦手であった

ファシリテーション技術の開発研修にも着手しています。また、渋谷区役所は業務環境が十分ではなく、民間企業なら1日で終えられることに数週間かかるといった事態も頻発しています。そこでひとつひとつの業務を分解していったところ、非常に効率が悪い部分があるとわかりましたので、そこを変えてサービスをスピード化……つまり、より早いタイミングで困っている人にサービスを提供し、瞬時に情報共有できるような取り組みを行います。オンラインでできるところは徹底し、新しい情報システム基盤も構築中です。公民連携でCSV活動を加速するシブヤ・ソーシャル・アクション・パートナー（S-SAP）制度は、従来の民間企業との協定とは違います。特別区は、それ以外の市町村とは税収構造が違います。特別区では法人税収は直接入ってきませんので、これだけの民間企業がありながら、税の力を集めることができません。では、税以外の力をどう民間から引き出せばよいのか？民間企業の経営陣と積極的に対話しています。渋谷区も将来、人口減少局面に入り、財政が厳しくなっていきますので、地域社会にインパクトの大きい福祉サービス事業については、民間の投資ファンドと一緒にNPOに働いてもらうように、プラットホームづくりをしていきたいと思います。また、1兆円近い資産を持っている割には地域にそれに応じた付加価値を提供できていないので、その活用に向けた情報共有が必要です。ホームページはあるものの、行政も今日の高度情報化社会に対応すべく、オウンドメディア戦略を2017年2月に開始し、行政活動・地域活動のPRを進めていきます。様々なソーシャルメディアを駆使しつつ、まずLINE社とS-SAP協定を結び、子育て世代に対して、いつでもどこでも誰とでも繋がるプラットフォームを立ち上げました。この子育てサービスについては、現在、24時間365日対応できるかに向けて、AI自動応答サービスをテスト中です。お客様の情報は、オープンデータソースを使いながら、大学研究機関と協働でダッシュボードを提供し、学生やベンチャー企業の力を借りてアプリ開発を行いたいと考えます、共創分野では、2018年4月頃に一般社団法人渋谷未来デザインの設立を行う予定です。

　2017年より「渋谷をつなげる30人」プロジェクトを実施しています。渋谷区は2019年初に新庁舎ができるのですが、近い将来、来庁

澤田　伸（さわだ しん）

渋谷区副区長

立教大学経済学部卒。飲料メーカーのマーケティング部門、大手広告代理店、外資系アセットマネジメントのマーケティングディレクター、共通ポイントサービス企業のマーケティングサービス事業の責任者を経て、2015年10月に渋谷区副区長に就任（現職）。

する必要のない庁舎にしたいと考えています。コールセンターや LINE などの SNS、AI やロボティクス技術を活用し、教育や福祉の分野ではワンツーワン、IoT などの新しいテクノロジーを使った教育環境や新しい福祉施設の計画を進めています。そのためには、デジタル社会における双方向のパブリックリレーションズや、産官学民の様々なセクターとの良好な関係づくりが求められます。いつでもどこでもステークホルダーが行政と繋がり、自主的・主体的に地域課題に取り組んでいる市民に対し、行政が活躍できる仕組みをしっかり提供するためにも、顧客関係管理的な仕組みを構築すれば、どこにどんな人材がいるかを発掘できます。

それによりサイレント・マジョリティの意識やニーズを知り、これからの行政におけるマーケティング活動を通じて、よりお客様との情報接点の在り方を変えることができると確信します。また出来るだけ新しい WEB サイトを通じて、重要施策は動画で説明していきます。産官学民連携によるクロスセクター協働を推進し、渋谷区の未来を共創していける組織の構築を目指してまいります。

「シブヤ・ソーシャル・アクション・パートナー協定」

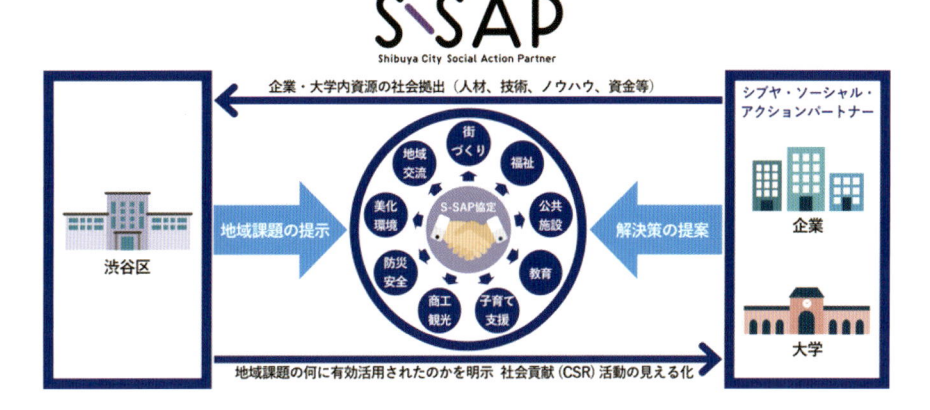

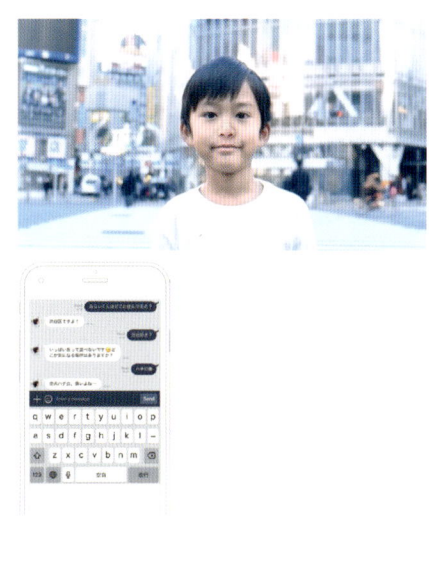

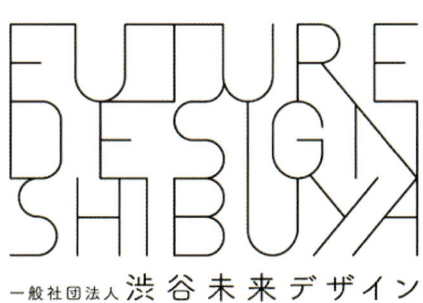

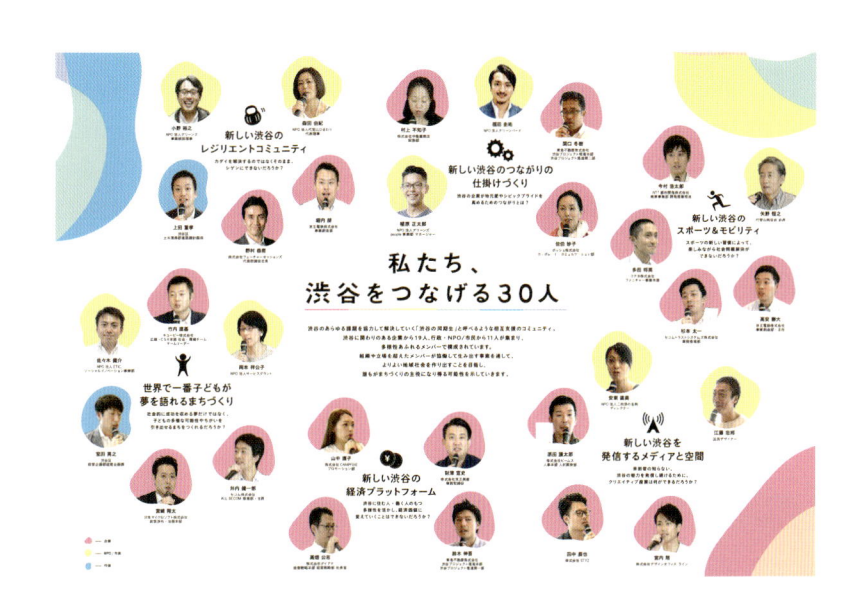

3. 民間企業におけるまちづくりの役割

話／浮穴浩一（大和リース株式会社 取締役常務執行役員 民間活力研究所担当）

民間セクターの役割は何なのかというと、パブリックにできないこと、官にできないことをどれだけできるかということです。パブリックとプライベート（官と民）がどう連携していくのか。これからのPPP[※1]というものは幅広く裾野が広がっていくと思います。先ほど川崎市長の話にもありましたが、公共と公共のパートナーシップの重要性が増し、まさに公共でシェアをする時代になってくると思っています。そのお手伝いを我々民間セクターが担えればと思っています。当社は現時点で代表企業として16のPFI[※2]事業を行っています。

■鈴蘭台駅前再開発ビル　Bellst（ベルスト）

神戸市北区に神戸電鉄の鈴蘭台という駅があります。ここで駅前の再開発があり、当社は特定建築者[※3]となっています。この建物の3階と駅の改札がコンコースでつながっています。4〜7階は神戸市の北区役所が入り、1〜3階を大和リースが区分所有し、商業施設としています。ロータリーは車の回転ができない状況だったので、1階にピロティを造り、ロータリーを広くするなどの工夫をし、利便性を向上しています。

■BiVi 藤枝

静岡県藤枝市が図書館を作る構想を挙げました。そこで大和リースが何をやったかというと、市の所有している土地を借りて、市に地代を払い、建物は大和リースが建設、所有し、固定資産税を支払っています。その建物に公立図書館を設置し、家賃を頂いています。結果、藤枝市は地代収入や固定資産税の収入と図書館の賃貸料を相殺することができ、市は予算のほとんどを本の購入費用に充てることができています。またシネコンが入っていて、シネコンと図書館という文化施設がコラボレートすることで相乗効果が生まれ、来館者が増えています。現在、大和リースはこのような商業施設を約150箇所、賃貸面積にして約55万坪を所有または管理しています。そのなかでお付き合いのできたテナント様と商業施設がまちの活性化に役立ち、若干ながら市の財政負担を減らすお手伝いをさせていただいています。大分県にある「BiVi 日出（ひじ）」という施設でも同様のスキームを用いています。

■Frespo 飛騨高山

岐阜県高山市にある商業施設です。従前は家具の工場がありました。そこの移転の手伝いをして跡地を開発させていただきました。まちを活性化するために集客施設であるショッピングセンターで何ができるかを検討しました。その結果、NPO法人を支援しよう、NPO法人が活動できる場所を提供しようと決めました。しかし、場の提供だけでいいのかという話になり、大和リースがNPO法人をつくり、高山市にあるNPO法人の活動を支援しようということになりました。現在、大和リースが所有する商業施設のうち、全国6ヶ所の商業施設の中で「まちづくりスポット（略称：まちスポ）」という活動場所を作りました。活動内容はインターンの受け入れ、専門講師による研修の開催、視察の受け入れ、変わったところで言いますと、入居テナント様の協力を得て「飛騨高山地域おしごと発見隊」という催しを、キッザニアを運営する企業の監修により、地元の子どもたちに職業体験をしてもらいました。このようなまちスポの活動は第10回日本パートナーシップ大賞優秀賞「市民活動を応援する場と組織づくり事業」として表彰され、第3回「日経ソーシャルイニシアチブ大賞」ファイナリストに選出されるなど各方面で評価を受けています。

■Dパーキング前橋駅北口・サイクルツリー前橋

群馬県の前橋駅前の市の土地をお借りして、自走式の駐車場と駐輪場を作り運営もしています。世界的自転車メーカーのジャイアントストアをテナントとして誘致し「自転車のまち前橋」を進める政策に寄与しています。大和リースは緑化の事業もしているので駐車場の中も外も緑化しています。

■キャッセン大船渡

岩手県の大船渡市で被災した事業者の方々と一緒になってまちづくりをし、復興をしようとエリアマネジメント・パートナー[※4]に選ばれました。東日本大震災から5年半経過して事業が始まりました。大和リースは、このように「まちづくり」そのものにも中心的役割を担うセクターとして参加しています。

浮穴浩一（うきあな こういち）

大和リース株式会社
取締役常務執行役員
民間活力研究所担当

1961年生まれ。1983年札幌大学経営学部経営学科卒業後、大和工商リース（現・大和リース）入社。仙台支店長、東京本店長などを経て2015年4月取締役常務執行役員に就任し、現在に至る。

【注釈】
※ 1 PPP：パブリック・プライベート・パートナーシップの略。公民が連携して公共サービスの提供を行うスキーム

※ 2 PFI：プライベイト・ファイナンス・イニシアティブの略。PFI は、PPP の代表的な手法の一つ。公共施設等の設計、建設、維持管理及び運営に、民間の資金とノウハウを活用し、公共サービスの提供を民間主導で行うことで、効率的かつ効果的な公共サービスの提供を図るという考え方。

※3 特定建築者制度：市街地再開発事業において整備する再開発ビルを施行者（公共）に成り代わり建築させることができる制度。この制度により、民間資金やノウハウを積極的に活用することができる。

※ 4 エリアマネジメント・パートナー：特定のエリアを単位に、民間が主体となって、まちづくりや地域経営（マネジメント）を積極的に行おうという取組みにおいて地元推進組織の運営に協力してエリアマネジメント事業の具体化を図っていく民間事業者を指す。

・文中の数値は、いずれも平成29年1月23日現在で公表している数値。

鈴蘭台駅前再開発ビル　Bellst（完成パース）

BiVi 藤枝

Frespo 飛騨高山

まちスポ飛騨高山

D パーキング前橋駅北口、サイクルツリー前橋

キャッセン大船渡

4. パネルディスカッション

ゲスト／浮穴浩一、枝廣淳子、澤田　伸、福田紀彦
ファシリテーター／室田昌子

室田：今回お話しいただきました中で、大和リース様と枝廣先生から"共創"というテーマがでました。以前は多様なセクター間の役割連携のやり方として"共働"という言葉が使われてきました。共働とは、対等な関係で、みんなでやりたいビジョンや目標を共有し、協力しようという内容でした。しかし今回新しく出てきた"共創"は、色々な壁を乗り越えて、新しいもの、新しい価値を多様な人々で一緒に創っていくというクリエイティブな関係です。今あるものをどう上手く活用していくかに知恵を絞る方法もありますが、これからどういった形で"共創"をとらえていくべきか、お話を聞かせてください。

福田：共働と共創については、どういった違いがあるかハッキリさせるのは難しいところです。渋谷区の方で以前に超福祉というイベントがありましたが、集まっている人の層がとても面白かったです。福祉関係者、デザイン、工学、福祉といった人材や概念を超えて、問題解決の方法を見出していくことがこれからの課題解決には必要です。次に更生保護活動、つまり犯罪を犯してリハビリをしている人たちに対し、保護司が社会復帰の手伝いをしている人の集まりです。児童養護施設では虐待件数も増えており、施設は満杯です。生活困窮者自立支援大会では 1,500 人による話し合いが行われました。が、これらのイベントでは、それぞれが自身の立場についての話しかしていません。例えば犯罪が減っていても再犯率は増えており、これには住居や就職問題が関係しています。貧困問題も同じです。児童虐待には貧困が関わっています。にも拘らず、皆さんそれぞれの分野での話しかしていません。まず、自分のポジションは、物事の一部分しか見えていないという前提で考えなければ、課題の解決には至らないでしょう。

室田：他の人々の専門や立場が見えていないという認識を持つことは重要なご指摘と思います。そのうえで、専門分野の枠を超えることは、大変重要かと思いますね。

澤田：川崎市と渋谷区では複数の大学を巻き込みながら、同じプロジェクトに取り組みました。今、福祉の次の福祉を考えています。共働と共創はこの 1、2 年のことではなく、前世紀から始まっていることです。

高度情報化社会においては、情報を主導しているのはエンドユーザーです。従来は行政が圧倒的な情報量を持っていて市民・区民は情報を持っていなかったのですが、今では彼らエンドユーザーの方が豊富な情報を持っており、逆に行政は情報不足に陥っています。ですから、共創共働は当たり前のことであり、行政が共働と共創を組み込んでいないと行政は生き残れない時代なのです。

渋谷区長は NPO 法人グリーンバードの創業者であり、そこから区議会議員を経て区長になりました。すなわち、セクター横断型のリーダーであり、共創には重要な立場です。国、県、市は全て縦割りであり、共創できていません。隣の仕事に協働せず、局が違うと国が違うと言っています。しかし、いくら首長が共創だといっても、それだけで進められるわけではありません。組織組成までしています。係長研修でファシリテーション合意形成能力を醸成するくらいの壁がある。マインドチェンジをしながら、都市にいる能力を持った多様なタレントを繋ぎ、主体的に地域活動に参加していくセクター横断型の動きが、まちづくりは 10 年、20 年と求められます。重要なのは、バックキャスティングのビジョン達成のために今何をすべきなのかという発想です。20 年後、渋谷がどんな人で溢れ、どのような防災の仕組みを整えるかいうことをなどを考え、今すべきことをする必要があります。

室田：組織の壁を超えるためには、トップだけでなく職員がマインドチェンジをし多様な人との合意形成能力を身につけ、セクター横断型の活動をしなくてはいけないのですね。

浮穴：重要なのは、トップのビジョンです。今までの企業はまず儲けることを考え、収支はどうかしか考えない、経営のない時代でした。しかし今は、不動産経営部といったように経営と名の付く組織があります。共働して、新しい価値をどうやって高めるのかが重要なのです。共働しながら共通価値を創造していく……渋谷区と川崎市も色々とやっていますが、やりながら色々なものが繋がり複合化していけば、どんどん発想が繋がっていくことでしょう。どういうことが起きてくるのか？事と事との融合や複合化がキーワードになります。民間企業ではすぐに結果が出ます。例えば老朽化した庁舎があれば、公共であれば時間

をかけて調査するものですが、我々はすぐに見て「壊す」と決断します。公共は安定性を求めてオーソライズを行わねばなりませんが、我々の意思決定のスピードは速く、色々なことをやれます。また、例えば行政が 5 時、6 時に閉庁した後では、共働きの人は住民票を取ることはできません。いずれ、24 時間営業のコンビニで住民票を取る時代になるかもしれません。企業と行政で色々な引き出しを活用して価値を高めていくのがこれからの共創であると思います。

室田：新しい価値をこれから実現していくためには、民間のノウハウをいかに引き出せるかが重要ということですね。

枝廣：共働と共創の違いにはこだわっています。自分も NGO を運営していますが、色々なセクターと仕事をしています。共働は、NGO や市民は使われる立場で、行政がビジョンを作って一緒に実行していきましょうというものでした。これに対して共創は、共有ビジョンから作るものです。心理学では、「何をやるか？」の段階から参加する方が、決まったことがただ降りてくるよりも意思決定から関われるため、活動する割合が大きくなります。つまりコミットメントが高くなります。共有ビジョンを作る共創は重要です。一方で、立場や肩書にしがみつく人だと共創はやりにくいでしょう。共創には、共有ビジョンに何度も立ち返ること……例えて言うなら、行政と民間・市民が隣同士になって同じ北極星を見るような姿勢が重要です。自分の主張だけでぶつかるのではなく、一歩下がって理由を丁寧に聞く姿勢が重要です。原発についても賛成意見も反対意見も、子供たちが誇りをもって帰ってこられるという目的が同じであるということに気づくと、安心できます。最後には、自分は賛成だけれど、なぜ反対する人がいるのかもわかった。賛否を分けないで皆が「いいね」という共創が求められます。対立をどう力に変えていけばいいか？　共創の仕組みを研究し、地域で実践していかなくてはなりません。

室田：行政・企業・大学・市民とありますが、NPO・NGO 抜きでは考えることができません。NPO は、基本的にそれぞれのやりたい自発的意思を尊重するという行動規範があり、利潤の側面も少し必要と言わ

れていますが、市民セクターとして入れています。そこに暮らしている人と働いている人、少し関心のある人などではそれぞれ利害や感じ方、希望や将来ビジョンが異なっていますが、そのような人々との連携や共働と共創の図り方については何かお考えはありますか？　さらには未来の人々との連携や合意も想定されます。

福田：川崎市は、首都 東京と日本で一番大きな都市である横浜の真ん中に位置しているので、通勤で川崎から出て都内で働くという人が多く、川崎ではただ寝るだけの人も多いですね。そういう人に如何に意識を持ってもらうかは、永遠のテーマです。毎月 1 回、住民を中心として区民車座集会を行っています。川崎区という工業地帯でもやりました。まちづくりにどうやって関わってくるかといいますと、企業の持っている資産やノウハウに関係してきます。従って単純に働いている人と住民を分けることはできません。また、障碍者が 6％いて、高齢者率も増えてきているなど、身近なところにケアを必要とする人が溢れてきている状況にあります。介護が必要な人のためのまちづくりについて、ハード・ソフトの両方が重要であり、区分けが時代と共に薄れていくのではないかという感覚はあります。

澤田：福田市長と同じく、分けてはいけないと思います。企業も物売りではなく、より良い地域社会、あるいはより良い豊かな社会のために自社製品を磨いていらっしゃいます。沢山売って沢山儲けるだけの企業は淘汰されてしまいます。やはり自分の持っているサービスを通じ、社会貢献をしていかねばならないのです。税を払っているかいないかに関わらず、オープンイノベーションにしようと思っています。

枝廣：ネイティブのアメリカ人がいつもやっていることで、集落の人が集まり木を切るかどうかを決める際に、空っぽの椅子を置き、未来世代が座っているとします。そして 7 世代後のことを考え、今私たちが決めることが後の世代の後に喜ばれる決定だろうかと、議論に参加している人がそれを心の片隅に置いて議論するのです。原発ではない産業を創ろうとしているのが柏崎ですが、未来の住民との合意が想定されます。海士町でも、行政・町の人と合わせて 20 人が立場を超えて

町のためにどうやってゆくか、バックキャスティング、システム志向、シナリオプランニングで、繋がりをつくり出して強くするプロジェクトを考え、望ましい未来に行けるように物事を進めています。まちづくりは常に進行形であり、あちこちで成功事例が出てきています。

室田：狭い住宅地でも、古くからいる方と新しい方、高齢者と若者とでは全員意見が異なりますし、価値観も違うものです。その中で最初は意見が違っても、皆で少しずつ方向性を見出してそれを共有できてくると力になります。そのプロセスが重要だと思いますね。そのプロセスとしてもバックキャスティングシナリオづくりなどは重要です。未来に向けて解決していくためには共働と共創で変化を起こすことも必要ですが、何かお考えはありますか？

福田：世の中の抱えている問題は、1つの分野だけで解決できません。行政、議員、NPOなど問わず、気づいた人が立ち上がればいいのだと思います。県会議員をしていた時に仕事がつまらなくなったことがありますが、全国にはアパッチみたいな議員がいました。小さな町でも頑張っている人がいましたし、一旦弱ってもまた元気になって戻ってくれば良いのだと思います。

澤田：政治家ではなく事務方としてお答えしますと、変革しようという強い意志を持たなければ変革はできません。変化を起こすのは若者・馬鹿者・よその者です。過去においても歴史が動く時には、若者や周りの力によって変わってきました。そういった「三本の矢」が揃った時に物事は動くのです。

浮穴：変わらないリスクもありますし、変わることにはエネルギーがいるという面もあります。今日と明日で変化がないことは楽ではありますが、将来を考えるならば変わらないことにはリスクがあります。リスクを背負える人がどんどん出てきて、何も恐れず自由に発想して色々なアイデアを出し、色々なことが起きる……「こういうことが楽しい」などといった発案がまた新しいものへと続いていくことでしょう。

枝廣：町の熱心な方が町の住人に情報を出し、議論しながら仕組みやシステムを変えています。また住民同士だけではなく、産学間の交流、外部との交流もあります。行政から「もっと外に出て話をしてほしい」と依頼する際、インセンティブを与える必要があります。NGO同士が力を合わせるのは難しいので、NGO同士の協働に自治体から助成金を出すようにしました。新しい体験をして意識改革をするというのもありますが、これまでのアイデンティティーを変えずに、楽しく幸せに暮らすということをベースにしてそこから変えてゆくことができます。

室田：これまでの枠を超えて、足枷を取り払いながら少しずつ進んでいく必要があります。それぞれの良さをどうやって活かしていくか？　民間のスピードや柔軟性、アイデアなどもその1つということです。それぞれの立場から話をいただきながら新しい関係を築いてやっていく中で、例えば法律の壁などでできないこともありますが、少しの工夫でできることもあります。それぞれのセクターの人々がマインドチェンジをし、壁を超えてバックキャスティング、その他によりビジョンと共有することの大切さを多くの人たちで認識することから始まるということでした。

枝廣淳子氏

浮穴浩一氏

澤田 伸氏

福田紀彦氏

室田昌子氏

福田紀彦氏

室田昌子氏

第6章 私たちが描く「幸せな未来の環境都市」とは

河野 雄一郎 / 森ビル株式会社取締役常務執行役員

三木千壽 / 東京都市大学 学長

涌井史郎 / 東京都市大学特別教授

吉﨑真司 / 東京都市大学環境学部長

伊坪徳宏 / 東京都市大学環境学部教授

「幸せな未来の環境都市」に無くてはならないのが「自然」であり、都市のアーバン・ランドスケープの中にルーラル・ランドスケープをどれだけ保全・再生・創造できるかが鍵となります。例えば、ニューヨーク市では大学が農園を創り、学生が農作業に参加して食糧事情や農業経営を学びつつ都市の景観に安らぎを与える自然の保全を担っています。本学でも保全緑地に指定して開発の難を逃れた学校林を横浜市や地域の方々との学びを通した交流の場として活用してまいりました。オリンピックに向けて期待が高まる今、「江戸」の勿体ないの精神と伝統に学びながら、緑溢れるコンパクトシティの実現に向けて始動するべき時ではないでしょうか。現代の大都市において環境革命に向かう世界的潮流を反映した渋谷等の再開発はそうした方向を予見させる試みです。これまで機能主義一辺倒であった高速道路ですら天蓋がかけられ生物多様性保全と新たな憩いの場の創出で成功を収めています。多くの人々の願いが結集され都会に新たな"森"を創出する新国立競技場を核として、生物の棲家となるビオトープネットワークが郊外まで綿々と連なる「緑の環境遺産」の創造手法とはどのようなものでしょうか。東京オリンピック・レガシーと beyond2020 の観点から、"世界に誇れる日本の都市"とは何か、を糸口に、そのための社会資本と自然資本の関係とはどのような姿なのかを、これまでの5回の成果を反映しつつまちづくりを実際に行う企業と本学教員が、皆さまとの議論を深めます。

1. 公開講座「私たちが描く 未来の環境都市」講座 ～最終講～

吉﨑真司（東京都市大学環境学部長）

本日は公開講座、私たちが描く未来の環境都市の最終回です。公開講座の準備を1年前に始めて以来、未来の共創のまちづくりを目指して、現在の社会が抱える諸問題を解決し、幸せな社会を如何にして次世代に残せばよいかということから議論しました。その中で、日本の伝統や自然との共生の思想、企業の力や市民の力を駆使して豊かさを深める社会を実現することを本講座の基本コンセプトとしました。このコンセプトに基づいて、公開講座においては多くの先生方にご講演いただきました。第1回の6月4日には、隈研吾先生、大和リース株式会社代表取締役社長の森田様、涌井先生を交えまして、現在の都市が抱える問題、特に東京が抱える課題を解決しながら、国際競争力の強化、大規模自然共生エネルギー物質循環、環境遺産としての2020年東京オリンピックレガシーとして具現化する思想について議論を行ないました。第2回ではそれぞれのセクターの方に、自然と共生して豊かに暮らせるまちづくりをテーマに、岩村和夫先生、世田谷区長の保坂様、横浜市副市長の平原様にお話をいただきました。第3回の9月16日には、心豊かな文化都市とはというテーマのもと、アレックス・カー様、早坂先生、飯島先生、宿谷先生による議論を行いました。第4回の10月14日には、生物生態系から見た都市環境とはということで、福岡伸一先生、環境省の鳥居様、そして涌井先生と田中章先生による議論を行いました。第5回の11月18日には、まちづくりの各セクターの役割について、川崎市長の福田様、渋谷区副区長の澤田様、大和リース株式会社の浮穴様、そして枝廣先生、室田先生よりお話をいただき、まちづくりセクターのそれぞれの役割について議論しました。そして本日が最終回……当初考えていた、将来世代に受け渡すべき幸せな都市環境に配慮した未来都市の創り方を、公開講座を通じて蓄積できてきたのではないかと思います。第2～5回までの講座は2時間という限られた時間の中で少々慌しかったのですが、今日は3時間ですので、最終回の中でしっかりとご講演と皆様との対話を実現していただきたいと思います。

本日のゲストをご紹介いたします。まず、森ビル株式会社取締役常務執行役員の河野様。河野様は、森ビル株式会社でおよそ30年間、都市政策の分野でご活躍されてきました。再開発コーディネーターや様々な理事を歴任し、現在は経済産業省の2020年未来開拓部会委員、および内閣官房ユニバーサル関係府庁連絡会厚生委員を務められています。本日は森ビル様の様々な都市開発事例をご紹介いただきつつ、これからの未来の都市開発について語っていただきます。次に、本学の三木学長より講義いただきます。本日、三木学長には都市工学の専門家、そして本学学長という2つの立場より語っていただきます。また、構造工学、橋梁工学のご専門の視点から都市のエイジングについてお話いただきます。そして本学の涌井先生に、総括としておまとめいただきます。また、伊坪先生にはLCAと東京のサスティナブルな発展、都市のサスティナビリティについてお話しいただきます。第1部で森ビルの河野様、第2部で三木学長と伊坪先生にそれぞれ講義いただいた後、第3部では皆様によるパネルディスカッションを執り行わせていただきます。

2. 地球環境に優しい都市開発のあり方

話／河野雄一郎（森ビル株式会社 取締役常務執行役員　都市政策企画・秘書・広報担当）

本日は東京都市大学の講座にて発表できる機会をいただき、感謝いたします。早速ではございますが、森ビルが現在どのようなことを考えて都市づくりをしているのか、さらに、森ビルは東京ひいては都市がどうあるべきかを常に考えながらまちづくり・都市づくりを行っているのかをご紹介します。代表的な再開発事業としては、六本木ヒルズ、表参道ヒルズ、虎ノ門ヒルズといった「ヒルズシリーズ」を中心に、複合型大型再開発を手掛けています。しかしこの分野は、一社が独り勝ちできる分野ではありません。東京が世界の都市間競争の中でしっかりとした地位を取らなければ意味がありません。ですから民間デベロッパーが良い競争をすることで、皆で東京を盛り上げ、政官民が一体となって都市を強くしていくという意識で仕事をしています。

本日は環境のことについて一層深くお話させていただきます。私たちのまちづくりの概念は「Vertical Garden City」（写真1）、すなわち立体的な緑園都市をコンセプトとしています。世田谷界隈でよくみられる戸建密集地の絵と、この後ろにマンションタワーを1本だけ建てた絵があります。ここにある戸建ての密集住宅を50階に高層化すれば、97%を空地にすることができます。必ず「こうでなくてはいけない」ではなく、こうした選択肢があってもいいし、むしろこちらをメジャーに考えてもよいのでは、と申し上げたいのです。このような超高層にすると、隣棟間隔が開いて建物の足元がゆったりとし、同時にプライバシーも守られます。しかし一方で、戸建がいい、その方がコミュニティが深まると考える人がたくさんいらっしゃると思います。そこで都市の合理性を考えた我々の都市づくりの哲学を伝えたいと思います。

「地上をヒトと緑に開放し、空と地下を用いて、複合的な都市機能を集積集約していこう」というのがヒルズシリーズの根本的な思想です。これを可能にしているのは、制度、まちづくり側、企業側、事業側のそれぞれの発想と知恵もありますが、テクノロジーの進化が重要な要素です。超高層ビルの場合、日本では地震の恐怖がありますので、制振装置の技術発達は不可欠です。地上の鉄道や道路などのインフラは地下でもよく、レストランやショップには日照は必ずしも要るとは限りません。生ものを扱う店舗は涼しい地下がよく、神田小川町の古本屋は本が焼けない北側に面した場所が寧ろ好条件でしたし、他にも地下

に持って行ける機能があります。サントリーホール、テレビ朝日スタジオのあるアークヒルズは、もともとは、昭和の戦災を逃れた木造家屋が密集するまちでした。今では再開発による高度利用で都市機能が集約され、オフィス、住宅、ホテル、テレビ局を埋め込んだ都市づくりをしました。敷地は5.6ha。話し合いから竣工まで、実に17年間かかりました。アークヒルズ（写真3）の敷地の倍が六本木ヒルズ（写真2）、11haのエリア再開発になります。南側にあった街並は、勾配がきついために雪が降ると通行止めになり、ボヤが生じた際にも消防車が入れないなど防災上非常に大きな課題を抱えていましたが、借地権者などの権利者500軒と同数の借家人、総勢1,500〜2,000人くらいの権利者と話し合い、17年間かけて再開発を実現しました。

虎ノ門ヒルズは、今回開通した環状二号線通称"マッカーサー道路"との一体開発です。この道路は昭和21年に都市計画決定しましたが、2014年、当初の都市計画から68年かけて開通しました。虎ノ門ヒルズは、その道路を一体でつくった再開発事業です。アークヒルズや六本木ヒルズは民間施工ですが、虎ノ門ヒルズ（写真4）は東京都施工の事業であり、それゆえに色々と時間がかかりました。道路が開通できた要因は再開発事業と一体で整備したことにあると思います。虎ノ門ヒルズの中には住宅があります。都市計画道路は行政による金銭保障が殆どですが、再開発だと、ここに住まいをつくって残ることができるという選択肢があったことが要でした。あと沿道にも2つのマンションをつくり、そちらへの移転をも可能にしました。もう1つは「立体道路」という制度。すなわち地上と地下で貫通している2階建ての道路上に虎ノ門ヒルズが立っているのです。これは「立体道路制度」が新たに法制化されたことで可能になりました。当初東京都の計画では4棟構造となる予定で、機能をひとつひとつの棟に分けていましたが、昨今のグローバル企業の大きなフロアプレートを必要とする志向に応えるのとシンボリックな超高層建物にする等総合的に考え、1棟案にして再開発を進めました。さらに建物を一棟に集約化することで足元に大きな空間を創出しました。

再開発は、環境破壊だとか、コミュニティ喪失だと一部に懸念する声もあります。しかし、森ビルは再開発によって新たに都市環境を創

河野雄一郎（こうの ゆういちろう）

森ビル株式会社 取締役常務執行役員
都市政策企画・秘書・広報担当

1985年3月駒澤大学経済学部卒業後、同年4月森ビル入社。87年から六本木ヒルズ再開発の権利調整、行政協議を担当、98年秘書室長、06年取締役、2009年常務取締役を経て13年6月から現職。一般社団法人 不動産協会 都市政策委員会 委員長、一般社団法人再開発コーディネーター協会　理事、経済産業省 産業構造審議会2020年未来開拓部会委員　等。

造しており、アークヒルズ外周道路のサクラ並木（写真5）は30年を経て成熟し、今では都内有数のサクラの名所となり、ライトアップも行っています。私としてはサクラの咲いているシーズンに、車道を通行止めにして莫蓙をしいて花見をしたいくらいです。またサントリーホールの屋上（写真6）では、ガーデニングクラブを作っており、東京にいることを忘れられる空間となっています。屋上でありながら、しっかりと高木が植えられているのです。六本木ヒルズの計画地には毛利藩の上屋敷にあった池があり、テレビ朝日の私有地の中にありました。私有地なので、普段は立入禁止で一般の方は触れられない場所ですが、再開発事業によって都市計画的に保全、開放され、多くの住民が池の周りを歩けるようにしました。

私達はまちづくりの中で緑地空間を作っていますが、「使える緑地空間」「人が集まる緑地空間」を作るべきだと考えます。例えばマンション開発計画では敷地の端っこに提供公園を設ける場合が散見されますが、それではむしろ危ないと思われて子供達があまり足を運びません。そうではなく、人々に楽しんでもらえる空間をどう作るかを考え、常に人々に利用される空間を私達は作っています。例えばシネマコンプレックスでは、屋上を田んぼにして、子供たちにお米の歳時記を楽しんでもらっています。田植え、稲刈り、脱穀、もちつきなどの作業を体験してもらい（写真7）、さらには藁草履をつくるなど、地方にいてもなかなか体験できないくらい、お米づくりに触れてもらえる空間にしています。また、この田んぼは制振装置としても機能しています。緑化した田んぼを揺らすことで、建物の振動を小さくしているのです。

先程ご紹介しました虎ノ門ヒルズの道路の上でも、水景を作り緑化もしています。道路上の広場では、日曜日の朝にはたくさんの人が集まってヨガをしています。昼休みには大の字に寝転がるサラリーマンがいたり、近所の保育園児が来て集団で遊んでいます。アークヒルズは1986年の竣工なのですが、1990年時点の緑被率は23%でした。しかし、2016年には46%を超えました。これは人工地盤上の緑が成長したためで、屋上と低層部の緑化など色々な形で緑化が進んだ成果です。六本木ヒルズエリアの地表面温度サーモグラフィでも六本木ヒルズの部分が青くなっています（写真8）。高級住宅街と言われる元麻布、東麻布の住宅地は、圧倒的に真っ赤なエリアが大きく拡がっており、六本木ヒルズ再開発エリアの部分は緑の部分が増えて、30℃程度に抑えられています。高速道路部分は、40℃を超えているのに対し、再開発エリアは10℃くらい地表温度が低くなっています。つまり、ヒートアイランドになるかどうかは、まちの作り方次第と言えるのです。一

般的に舗装道路は熱を溜めやすいのですが、「けやき坂」は夏は生い茂ったケヤキによって覆われ、15mの幅員がある道路の舗装道路面が低温に保たれています。また、ケヤキは秋冬になれば落葉しますから、お日様の光を受けることができますし、同時にイルミネーションも取り付けることができます。このように、街路の植樹の在り方についてもよく考えていくべきでしょう。

また、エコロジカルネットワーク……すなわち緑の軸と周辺の緑とのネットワーク化を図って、都市環境を創って行くことが重要です。加えて今は生物多様性の時代。どんな生きものがそこに生息していたのか、どういう植物が生えていたのかなど、その地域の特性を、歴史の面も含めてよく考えて取り組む動きが進んでいます。実際、シジュウカラやコゲラの巣が見られるようになっており、子供たちに都市の緑のありかたを勉強してもらったりしています。

次に、文化とコミュニティの話をします。文化や美術、アートに関心を持っている人は美術館に通うのですが、六本木ヒルズではもっともっと日常的にアートに触れられるように、道路にお洒落なベンチなどの「パブリックアート」（写真9）を設置し、このまちに来ればおのずとアートに触れられるという仕掛けを取り入れています。六本木ヒルズけやき坂10周年のイベントには、大きなキリンのパレードを行ったり、毎年東京都と一緒に一夜限りのアートナイトを行い、70～80万人の人が来場します。屋外なので、屋内ではできないようなダイナミックな試みが可能で、来場された方も関心を持ってくださり、まちに文化の香りを植え付ける効果があります。最初は、夜通しのイベントは事件や事故を心配する声もあったのですが、80万人もの人の目があるためにかえって安全で、既に8年間、犯罪や事件、事故が全く起きておりません。深夜であっても実際には人がたくさん出ている方が犯罪が少ないのが実情です。六本木商店街では、街灯の照度を上げたり、防犯カメラを増やす等の対策をとって安全の向上に努めています。コミュニティの面では、麻布十番祭りと一緒に盆踊りを行っていて、外国人が多く参加しています。これは六本木ヒルズの自治会が主催するイベントになっており、手作り感にあふれつつ、お洒落な六本木の店が屋台を出店しています。またアークヒルズでは地方の野菜や工芸品を売るマルシェを毎週やっています。1kg買物をすると駐車場を1時間無料にするなどの取組もやっています。テクノロジーの話としては、如何に安全に暮らしていくかが大きなテーマになります。高度利用した都市は人と機能の集積体なので、安全を最重要のテーマにすべきです。安全対策に対しては、どこまでやったらよいの？　と言われますが、法

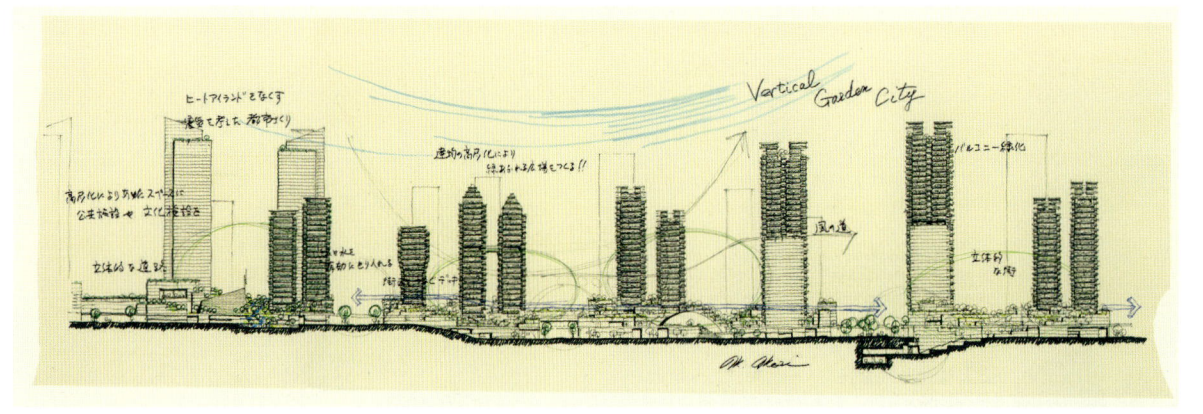

1. 森稔氏が描いた立体的な緑園都市

2. 六本木ヒルズ

3. アークヒルズ

4. 虎ノ門ヒルズエリアの将来像

定要件を充たす以上に、安全のためにできることは全てやるようにしています。制振技術、耐震技術ほか、日本が持っているすべての技術を全ての建物に導入すれば、一人も死なないまちができるのです。

3.11 東日本大震災の時、六本木ヒルズに取り付けている地震計では頂上部で片側 64cm、往復 64cm の揺れが計測されました。船酔いしている感じではありましたが、この制御装置により、ゆれが半減して早く収束しています。51 階のレストランはグラスの 1 つも壊れていませんでした。東京都庁は 1990 年竣工で森タワーと同じ高さですが、天井が落ち、壁には亀裂が入っていて、現在制振装置の追加設置工事をしています。13 年間で技術の進歩があり、ヒルズは無傷だったのです。「このビルは安全だ」「そのために高い家賃を払っている」と外資系のトップは言っています。

また、六本木ヒルズは自家発電です。湾岸部から中圧ガスを引き、地下にあるプラントで熱と電気に交換して全施設に送るというシステムになっています。つまり、計画停電の影響を全く受けないのです。テナントさんの協力で節電を呼びかけ、11,000 世帯分の余剰電力を東京電力に売電することができました。こういうことが広がっていくと、都市のエネルギー供給にも貢献することが可能です。中圧ガス管は弾性があるので、地割れしても 1 本も切れません。強度なインフラが安全な都市を創っていると言えます。また、環境面でも非常に効率的な発電をしています。そういうまちですので、六本木ヒルズでは震災訓練

はやりますが、避難訓練は実施しません。逃げ出すのではなく、逃げ込めるまちを標榜しているのです。一方で近隣の方や住民を巻き込んだ消防訓練を実施しており、東京消防庁と一緒に、避難訓練ではなく救助訓練を行っています。自分の身が安全であれば、例えば一人暮らしのお年寄りなど、誰かに手を差し伸べることもできるものです。六本木ヒルズでは 10 万食の非常食を持っています。港区の他の施設も併せると 27 万食ストックしており、これは港区役所の備蓄量と同規模以上のものを用意していることになります。備蓄食や非常食は近年食べやすいものもできており、新生児と乳幼児を区別したおむつとミルクも用意しております。これから都市をどう考えていくか？　グローバルというテーマにおいても、東京がこれからどうあるべきか、世界からどのようにしてヒト・カネ・モノを集めてくるかを考える必要があります。毎年森記念財団が発表している“世界の都市総合力ランキング”で、ロンドンがオリンピックを機に 1 位（写真 10）になりましたが、オリンピックまでにどのような準備をするかが大切です。さらに、オリンピックは通過点であり、それをきっかけにしてスピードアップとバージョンアップさせてゆく取り組みが求められます。東京も 4 位から 3 位に上がりました。では 1 位を目指すためにどうすればよいのでしょうか。仕事がしやすい環境、安全に対する施策も必要です。プレーヤーがいて、ファミリーがいるので、暮らしやすくなくてはいけません。

日本は世界の中で、最も人種や宗教の差別が少ない国です。そして、

5. アークヒルズ外周道路の桜並木

6. サントリーホールの屋上庭園（アークヒルズ）

7. 六本木ヒルズ屋上庭園での稲刈り

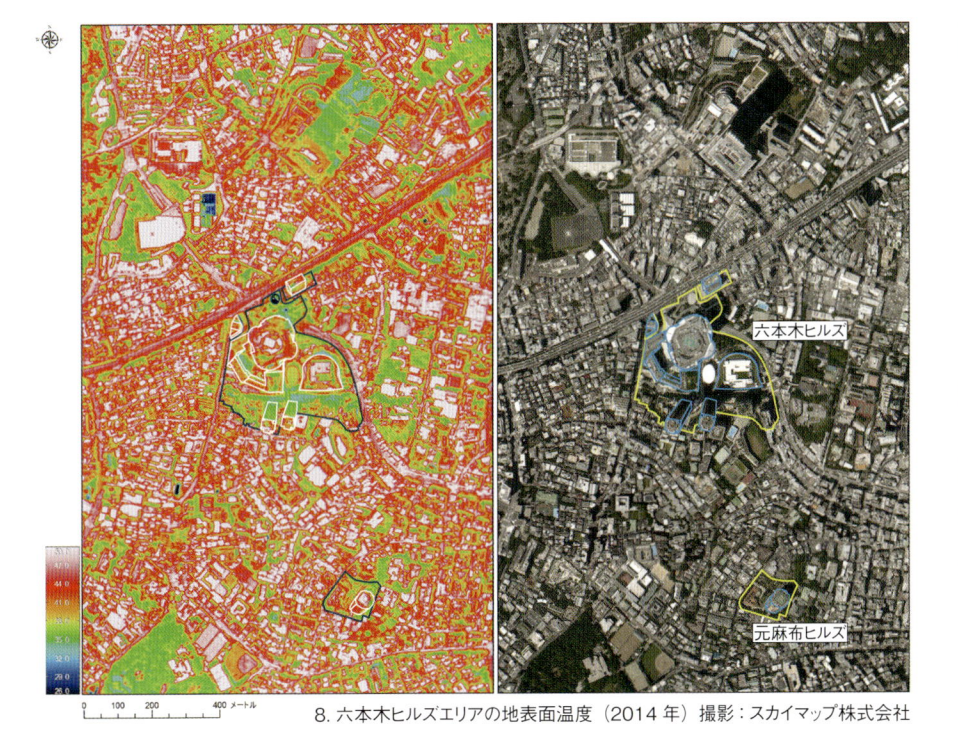

8. 六本木ヒルズエリアの地表面温度（2014年）撮影：スカイマップ株式会社

9. 六本木ヒルズのパブリックアート

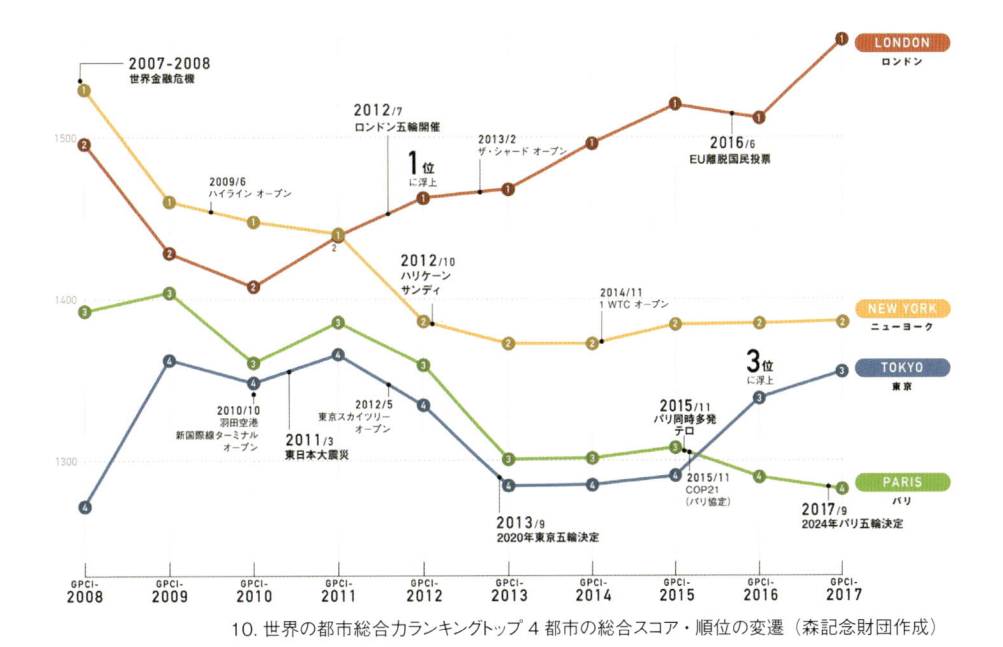

10. 世界の都市総合力ランキングトップ4都市の総合スコア・順位の変遷（森記念財団作成）

ホスピタリティが圧倒的に高い国でもあります。これらを活かしたまちづくりをこれからも進めていきたいですし、これから都心部でも様々な開発を計画しています。例えば国家戦略特区として、日比谷線の神谷町駅と霞が関駅の間に新駅をつくり、直結一体の再開発を行います。虎ノ門ヒルズエリアは、地上部と地下で繋がる歩行者ネットワークをつくり、都市緑化、植樹、複合機能のまちづくりを行い、緑のネットワークをつくります（写真11）。過去、汐留再開発においては、建物が壁になってしまい、新橋駅のヒートアイランド現象を悪化させてしまったことがあります。それが、環状二号線を作ったことで風が抜けるようになりました。基幹道路を作ることはインフラを作るだけでなく、都市環境に好影響を与えたのです。都市機能を地方に分散させるとよいのではないかと、地方創生の話がついてきますが、東京の魅力は集積と多様性です。むしろもっと集積を高めるべきでしょう。東京には圧倒的な発信力と磁力があります。地方にある面白いものを東京に集めて日本のショーケースにするのもいいでしょう。2011年の東日本大震災からの復興を祈念して、東北地方の6つの市の代表的なお祭り

を集めてお披露目する東北六魂祭（写真12）があります。「震災を忘れてほしくない」という思いの下、毎年1ヶ所ずつ循環させてきたものを、2016年には東京で行い、大いに盛り上がりました。ダイナミックに展開できたこともあって、ご覧になられた方はその面白さに感動し、沿道から声援を送ってくれました。地方と東京が一体となって進めたモデルケースと言えるでしょう。東京にあるものを地方に送り込むだけが、必ずしも地方創生ではなく、逆に東京の力を活かした地方創生のやり方があるのではないでしょうか。

　森ビルは都心部の超高層開発をやっているのみではありません。福井の永平寺では、かつては年間参拝者数が約150万人に及んでいたのですが、次第に減少し、十数年前に50万人を切ってしまいました。せめてこれを年間100万人に戻したいということで、永平寺と永平寺町と福井県が一体となって禅の里事業を行っています（写真13）。森ビルはそのお手伝いをしております。明治時代から続く永平寺の街並みでしたが、近年風情が無くなってきており、なぜか物置が道路上に置かれている状況です。これを、映画で出てくるような、思わず写真

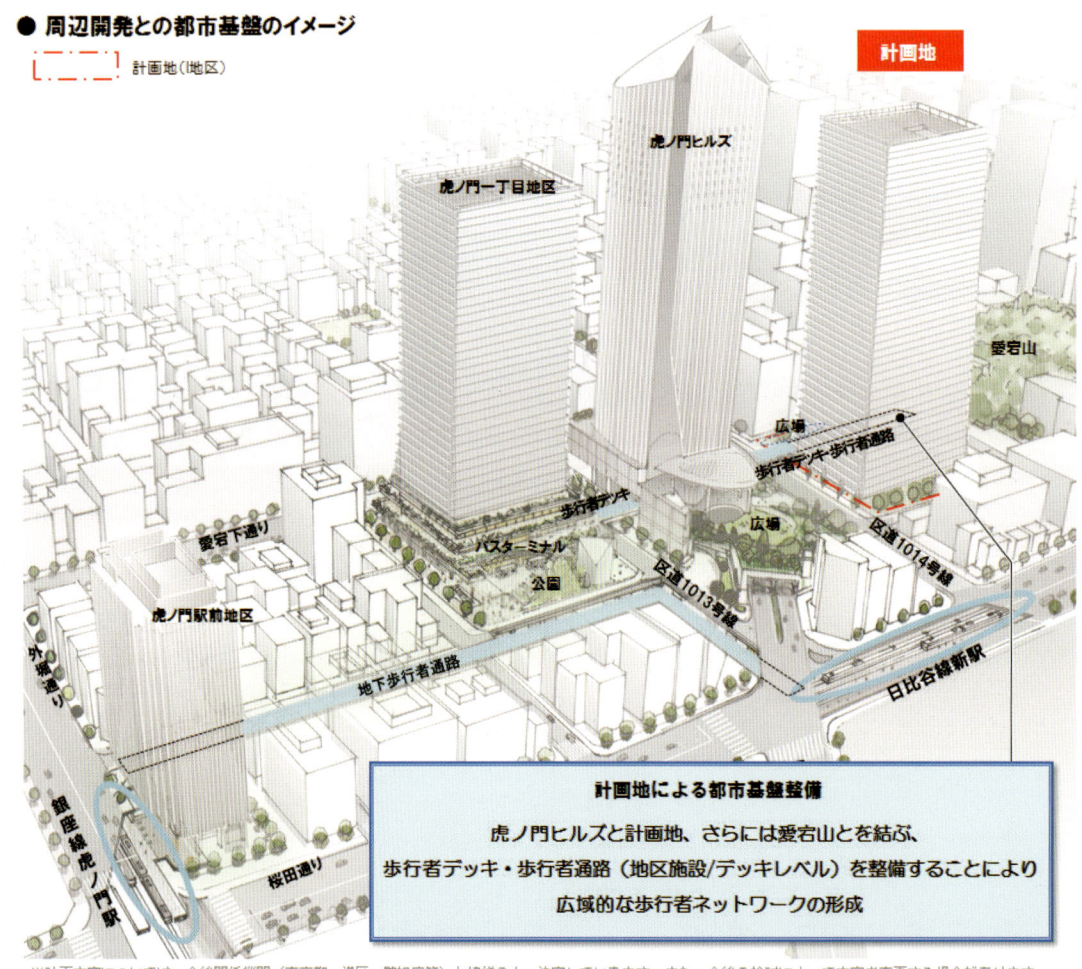

11. 周辺開発と連携した広域的な歩行者ネットワーク（虎ノ門ヒルズ）

を撮りたくなるような永平寺らしい風景に戻していきたい。加えて風景だけでなく、色々なテクノロジーをいれて木造の日本らしい宿坊を作るのもよいかもしれません。よい畳やよい布団で寝ておいしいごはんを食べられる、コンクリートを石畳に変えるなど、永平寺らしさを大切に考えました。コンパクトシティ＆ネットワークは、目的ではなく手段です。都市の中でのコンパクトシティ、地方らしいコンパクトシティ、駅を降りて目の前にドンとコンパクトシティがあるのではなく、集約することによって、一番「らしい」ものを際立たせるような地方のまちづくりの仕方があります。

文化、テクノロジーは日々進歩しており、現在はマサチューセッツ工科大学メディアラボと共同で研究を行っています。AIや遺伝子などを都市の中にどう入れていくことができるか？　など、かなり未来的なことを研究しているところです。今研究していることは決して遠い未来ではなく、凄いスピードで近々現実になるものだと思っています。従来の建築・都市計画は枠の中で行ってきているものでしたが、今後は加速度的に変わってゆくテクノロジーや文化を受け止められる柔軟性が求められます。

六本木ヒルズは2003年に竣工していますが、プランができたのは1992年。つまりスマートフォンすらない時代に案ができていたということです。10年前に創った都市計画で、現在の街はできあがっています。これからどんなテクノロジーが我々の生活に入ってくるのか？　可変性や柔軟性があると、新しいビジネスや文化、雇用を創出する受け皿になります。今日は都市の課題を挙げましたが、お話したことについては一人でも多くの方に考えてもらい、取り組んでいただくことが重要です。再開発は、デベロッパーだけではできません。政官民一体でないと不可能なのです。東京都もあれば区もあれば町もある。縦割り横割りの立場ではなく、それぞれの役割として考えていくべきではないでしょうか。

＜会場からの質問＞
日本大学3年生：森ビルは緑化に積極的ですが、屋上緑化の魅力は何だと思われますか？　屋上緑化の今後の発展性についても教えてください。

河野：緑化を行う上で大事なのは、温暖化対策への貢献や、環境の向上だけのための緑化でなく、使える空間にするということです。ビルの屋上には機械装置を上げていますが、コンパクトにしたり、配置を考えて屋上を緑化しながら楽しんでもらうことを心がけています。4月に銀座で松坂屋との再開発が竣工しますが、1フロアが1,700坪に及びます。六本木ヒルズが1,300坪なので、かなり広いと言えます。その屋上の半分に本物の緑を取り込みます。さらに使ってもらえる屋上空間を目指しています。

成城に住んでいる中川さん：成城のまちでは屋上緑化を認めていません。やって頂いて良いが、お金をかけられる森ビルと違い、普通は防水工事が入ると15年で劣化してしまうので入れられませんと断っていて、地面での緑化を推奨しているのが成城学園です。

47％緑地率、嵐の時に高木が折れることがありますが、高層ビルでは風害についてどのような対策を採っていますか？

河野：全体で考えると費用対効果の問題があります。収益が発生しない場合は難しい面も多く、エリアマネジメントの中での収支が問題になります。自治体に相談して、補助金や税制で支援してもらえるのかを確認しますが、エリアマネジメントの運営で考えると、大抵の場合は企業が負担しているのが実態です。都市環境に少しでも貢献しつつまちのブランティングのためには行政の力を借りたいところです。方策は大きなテーマなのでじっくりと考えていきたいです。植樹の問題についてですが、大きさのある高木であればある程度は風を押さえることが可能です。しかし突風でダメージを受ける可能性はありますので、バランスと、日頃の手入れが必要です。高木については風の道をふさぐものと抜けるもの、全体的にしっかりと考えて植えるようにしています。アークヒルズの中にある高木も、適正な剪定や管理は必要です。高木は剪定費用が掛かりますので、闇雲ではなく、計画的に植えてしっかりと管理してゆくことが大切です。費用の問題もあって答えは見つけにくいですが、ぜひ一緒に考えていきましょう。

12. 東京新虎まつり「東北六魂祭パレード」© 東京 新虎まつり実行委員会

13. 永平寺をめぐる環境の再構築を構想する「禅の里」事業　参道整備イメージ

3. 未来都市実現に向けての研究展開

話／三木千壽（東京都市大学 学長）

こんにちは。本日の公開講座のタイトルは「私たちが描く「幸せな未来の環境都市」とは」ですが、イントロとして未来都市実現にむけての東京都市大学の研究展開についてお話させていただきます。都市大の中長期計画である「アクションプラン2030」では、目指す大学像として、「都市をキーワードに、時代の要請に取り組み、国際都市東京で存在感を示す」とし、それに向けて様々な取り組み、活動を進めていきます。

まず、「国際都市東京」とはどのような都市でしょうか？ そして東京のどのようなところが国際都市なのでしょうか？ 誰もが活力を持ち、暮らしたいと思える都市でありたい、そしてその課題としては、超高齢化、環境問題、エネルギー問題、安全安心、都市の集中、持続可能性などが上げられます。

ところで都市の実力や魅力とは何でしょうか。どれも曖昧です。ここでの指標、経済、交通・アクセス、環境、居住、文化・交流、研究・開発は森財団による世界の都市評価に使用しているものですが、国際都市の実力と魅力を見るのにはよい指標となるでしょう。これらの6指標の合計で都市のランキングを行った結果、1位がロンドン、2位がニューヨーク、東京は3位となりました。以下、パリ、シンガポール、香港、ベルリンと続きます。東京は2016年にパリを抜いて世界3位となりましたが、果たしてその実感はあるでしょうか？ 環境や交通アクセスなどがとりわけ問題として挙げられるので、それぞれの居住者がどう実感しているのかを今一度考えて解決しなければ、国際都市・魅力的な都市にはならないでしょう。

ロンドンは、街の持っている佇まいがよいことが特筆されます。ニューヨークについては私もしばらく滞在したことがありますが、ハイライトビルディングがあり、海に面した島の中に集積された街です。タイムズスクエアでは文化的な人間の集まっている姿がニューヨークの魅力であり、ビレッジも面白く、ワクワク感がある町といえるでしょう。エッフェル塔で有名なパリについては、未来都市というイメージではありません。しかし、未来型都市をデファンスに見ることが出来ます。パリはナポレオン3世の時代から何回かに分かれて都市開発が行われてきましたが、最後の姿がデファンスの断面であり3層構造、真ん中に

高い建物があり、車と鉄道と歩行者が全て分離されることでよい恰好になっているのが特徴です。しかし、なれない人間にとってはどこにいるか迷う。真ん中のタワーからはルーブルの凱旋門が見えます。筋の通った都市計画で、約30年経ちますが、一つの未来都市のイメージです。

一方で東京のイメージはどうでしょうか？ ひとつひとつのユニットが小さく非常に混んでいる印象があります。人口の面でいうなら東京都市圏には約3,500万人が暮らしており、これは世界一の都市圏です。GDPはニューヨークの約1.5倍。気候は温暖で豊かな環境も有していますが、火山や台風などの災害、巨大地震といったリスクも抱えています。この東京を未来型都市にしていくにはどうすればよいのでしょうか？ 近年色々な所でスマートシティという言葉を耳にしますが、課題を整理する上でスマートシティに向けてどう整備していくのかが問題です。環境、インフラなど、先ほどの多くの課題に行き着きます。スマートシティという言葉は無機質なのであまり使いたくないのですが、そこに人間やグリーンインフラを導入していくことで、未来型の都市ができてきます。ICT、IoT、ロボットなどを駆使し、その時代に適合する制度を整備するなどから、我々都市大ならではの未来都市構想を描いていきます。

今、我々が直面しているのは高齢化問題、エイジング問題です。日本は世界の高齢化のトップランナーです。都市のスマートエイジング研究は国際社会に先行する重要なテーマです。スマートシティという言葉は好きではありませんが、スマートエイジングというのは非常によい言葉と考えます。

老齢化・高齢化は人間だけの問題ではなく、建物やインフラ、世界の制度も高齢化するものです。これに関しては日本が世界に先駆けていると言えます。私は1947年生まれで、同年代の方は日本に約245万人います。対して今の赤ちゃん世代は約100万人。今後、超高齢化社会に向かっていくことは間違いありません。だからこそそうした高齢化社会として世界のモデルになり、上手くこなしていくことができれば、都市としてはシンガポールにも匹敵するようになることでしょう。この高齢化社会は危機ではなく、持続可能な都市に作り換えて行くこ

とで、世界における 1 つのモデルになれるチャンスと考えられます。今目指すべきはアンチエイジングではなく、都市のスマートエイジングだと私は考えます。

　具体的にイメージを膨らませると、結構大変な介護問題をはじめ、団地、住宅、インフラの老朽化、通信なども老朽化しています。人間が老齢化すると税金も入ってこなくなるので財政面でもまずい事態に陥り、財政破綻状態になりえます。これをどう変えていくのか？　スマートシティに似ていますが、IoT、QOL（クオリティオブライフ）をどうしていけばいいのか？　制度としては PPT やスマートグリッドの問題あたりが、1 つの解決策を提供してくれることでしょう。これらが研究テーマになってきます。

　東京都市大学では未来都市研究機構を 9 月からスタートし、全体の研究を動かし始めています。エイジングインフラ、グリーンインフラ、シニア問題、デイリーライフ、ヘルスケア問題、成熟した都市、未来社会、健全なインフラ、ビックデータ活用、生活支援、健康なライフを目指す研究が、都市大の都市研究の流れになっています。具体的な例を紹介しますと、経産省のオフィシャルジャーナルの 1 ページでは、色々なインフラの中にセンサーを埋め込んで橋の健全度をモニタリングしようとしています。この橋はゲートブリッジですが、リアルタイムで橋の状況が把握できるのです。

　ゲートブリッジの他の構造物にも色々なセンサーを埋め込み、構造物が損傷し始めた時にはそれを把握できるようにしています。たとえば首都高速 3 号線の三軒茶屋で何時何分何秒にどんな車種で何トンの車が走っているのかがリアルタイムでわかります。また、重量が 10 トンを超えていると顔写真とナンバープレートの情報もわかるようになっています。このような研究は私の研究室で約 10 年前に終わっていますが、現時点では一番進んでいる仕組みと言えます。これらのセンサーデータを首都高速の虎ノ門本社で橋をモニタリングしており、時々刻々の構造物の状態、インフラの状態を記録されています。これをどのように実際のメンテナンス業務に展開するかが課題です。たとえば過去のデータと比較し、異常なデータが出たらメンテナンスに持っていくことができるでしょう。

　社会問題ともいえるインフラの老朽化は本当か？　本当なら首都高のリハビリは可能なのか？　東品川付近は、開通時はほとんど車は通っていませんでした。しかし損傷が進み、架け替えの工事が進んでいます。首都高速の 3 号線三軒茶屋付近もとても傷んでいます。それも架け替えたいところですが、最上階が首都高、2 層が国道 246 バイパス、地上部が国道 246 と世田谷街道、その下は田園都市線の三軒茶屋駅となっています。これをどのように立て替えるか、あるいはどう直すかが問題です。首都高速の日本橋のあたりの地下化もしばしば話題になります。構造物もかなり傷んでいますが、それを支えている柱はお濠の中に立っています。水中の状況はなかなか検査できません。日本橋を地下に入れるにあたり、直接工事・整備にかかる費用誰が負担するのか、など、インフラのエイジングで抱えている問題は山積です。

　先にお話ししましたとおり、都市大では総合研究所の中に未来都市研究機構を設立し、IoT, ICT, QOL の諸相から未来都市課題に取り組んでいます。そこにはエイジングインフラユニット、グリーンインフラユニット、シニアライフマネージメント、デイリーライフサポート、ヘルスケアサポートの研究ユニットで、すべてのユニット共通で人も都市も高齢化のエイジングシティに対してスマートエイジングし、魅力ある成熟都市の形成を目指しています。

4. パネルディスカッション

ゲスト／伊坪徳宏、河野雄一郎、三木千壽、吉﨑真司、涌井史郎
ファシリテーター／飯島健太郎

飯島：第1回から第6回までの講演を通じ、皆様からは具体的な取組や活動、未来を語る視座、その他たくさんのキーワードをいただきました。これらを踏まえてディスカッションを行わせていただきます、未来の環境都市の描き方、その実現の方法などにつきまして、先生方、会場の皆様と議論を進めたいと思います。河野先生から「手段なのか？目的なのか？」というご指摘がありましたが、論点が絞りづらいものの、実際は目的が姿だろうと考えます。土地利用であれ人であれ、目的としての姿に対してどういう手段を講じていくべきなのか？　そのための政策、仕掛け、仕組みなどの観点でご質疑をお願いします。

　4つの切り口を考えてみます。都市も人も老齢化し、都市はエイジングシティとなりつつありますが、その再生の観点から切り出してみましょう。次に、実際のその都市の中にいるのは人です。ですから、都市と人の観点から議論していただきます。都市の空間は自己完結しておらず、都市と農村という切り口から、都市とその中のシステムについても議論いただきます。最後に、未来の環境都市に向けて、涌井先生に総括していただきます。

　エイジングシティにつきまして、三木学長からは、都市の動脈としてのインフラの老齢化に対することや、グリーンインフラについてのお話がありました。岩村先生からは、レジリエンスというキーワードで自然災害や日常災害にどう対処してゆくのか、それを含めて社会資本と自然資本をどうとらえ土地利用に具現化して我々の安全を守っていくのかというお話がありました。では最初に、これらの議論の切り口としまして、涌井先生から一言お願いいたします。

涌井：多様なキーワードを出していただきましたが、ここからはバックキャストが大変重要です。つまり、経済は永遠に成長し続けるものなのか、白律的循環できるものなのかということ。これについては今、地球が持っている環境容量が限界に達していると思われます。成長の限界を迎えているゆえに成長を求めるだけの都市は危険と言っていいでしょう。

　世界を見てもまた国内でも格差は深刻です。地球的規模で俯瞰すれば、その格差に追いつかないことが、テロの起きる遠因となっていま

す。一方、先進国の市民たちは、そうした中で新たなライフスタイルの創造に関心を持ち、シェアリングエコノミー。それは、車を持たずとも簡単に市民同士のやり取りで移動できるウーバの導入などに顕著に表れています。

　機能や用途を重複させ、都市を主因とする環境負荷を低減させるために環境政策の用語でいえば「緩和」から「適応」戦略に切り替えつつあるということでしょう。

　そうした中で、環境省でまとめたグリーンインフラについて関心が集まっています。従来、工学・化学的対処で環境条件の悪化に対応してきた戦略を「緩和」といいますが、28億年かけて激変する地球の中で培われてきた生態系の中に、環境悪化を緩和する機能があり、こうした生態系を活用したり、悪化の状態に我々のライフスタイルの変化で対応しようとする戦略を「適応」と言います。これを社会的なシステムとしてインフラの一部に位置づけることが大切とする発想です。その発想を従来の緩和的戦略の上に築かれた社会資本「グレーインフラ」に対し「グリーンインフラ」と称しているのです。

　2016年仙台で開催された第3回国連防災会議の中では、生物多様性の議論と結びつけ、生態系を重視し緑を盾にした防災・減災の議論が盛んでした。そう言えば愛知名古屋でのCOP10「自然と共生する社会へ」というスローガンに続く、インドで開催されたCOP11のインドのスローガンは「自然が守ってくれるから自然を守ろう」でした。

　言うまでもなく地球は限りある存在であり、したがって環境も自立循環のシステムに障害が出るほどの負荷を受け続ければ、再生循環の機能が失われる。このことを改めて認識しなくてはいけません。これまでの発想とは全く異なる地球の限界を前提に逆進的に考え、バランスをとりながら環境負荷を減らし、安全・安心を考える社会的取り組みが必要でしょう。例えば、所得格差についても仮に先進国が成長速度を1％落とせば、最貧国の所得を10％上げることが可能となります。

　日本をベースに歴史を振り返れば、世界最大の都市人口を誇った江戸では物質とエネルギーの再生循環は当然であり、「大家は店子の糞でもち」と言われた様に、糞尿ですら食料生産のシステムに組み込まれ、再生循環型でなおかつ最低限の環境負荷で回っていた都市でありま

した。この遺伝子を持っている東京についてそうした日本の古人の英知にも学びつつ未来の環境創造都市を考える事にも大きな意味があると思えます。

飯島：都市の縮図はさながら人間の身体のようです。都市はまさに動脈の部分。生産的行為の時には動脈が重要ですが、それだけではなく同時に静脈やリンパも必要となります。陰から支える力や、あるいはストレスを解放する仕組みが必要といえるでしょう。現状はこのインフラが老朽化している今、30年後、あるいは50年後に、これまでとは違う未来のインフラ構築のあり方はどうあるべきか、学長にお話を伺いたく思います。

三木：まず最初の観点としまして、本当に老朽化しているのか？　ちゃんとよく見て診断をしてくれと言いたいですね。ニューヨークやロンドンなどには、完成後300年以上になる橋もあります。山手線の橋は築100年を超えていますが、壊れてはいません。老朽化という言葉の使い方、物の寿命をどう考えるかが重要でしょう。涌井先生のおっしゃる「限界があるよ」というお話について、動脈は公共のものになりますので、公共事業について限りなく要求しても、一体誰が費用を負担するのでしょうか？　そのライフをどう考えていけばよいのでしょうか？　ライフサイクルコストの話が出てきましたが、「アセットマネジメント」的に考えて、社会インフラの費用を誰が負担するのか、ライフをどれくらいで考えていくのか考えなくてはいけません。

　もう一つ大事なのは、どれくらいのレベルで満足するのかということ。再現なく満足度を高めていけば破綻してしまいますので、その辺りはよく考える必要があります。自然災害に関する話でも、今のインフラの設計は再現期間を何年とするのかが重要です。平均再現期間を100年とすると100年の再現期間の中で、イベント（災害）が起きる確率は60％を超えます。レジリエント（回復力）と言えども限界がありますし、壊れないものを作っても困ってしまいます。阪神・淡路大震災で被害を受けた明石海峡大橋では紀伊水道の南海沖地震を想定しています。しかし、実際は橋の直下で地震は発生しました。重ねて言

いますがレジリエントにも限界があります。自然災害の予告にも限界があります。我々はそれをよく考えるべきです。1000年に1度生じる災害についても防災よりも減災的に考えれば現実的な対応が可能です。どのレベルで満足するかです。

河野：安全対策に上限はありません。しかし、必ずそこには民間生活者の想いがあります。東日本大震災の場合、東北の津波災害は津波危険地域だったところで起きました。津波が来たところは海岸線であり、住み続けるべき所なのか否か、リスクをどこまで覚悟しているかといったリスク管理は自己責任になってきます。破綻してから文句を言うのではなく、破綻しないように責任をもって覚悟を決めて行う必要があるでしょう。

　どんなまちを目指すのか？　大きなグランドデザインを常に持つ必要があります。どこかの機能がおかしくなった部分だけをかばう様な場当たり的にものごとを考えるのではなく、全体計画を立てて実行していかなくてはなりません。目指すべき正しい姿があれば、手段方法の道のりは変わっていきます。闇雲はいけませんし、「できることからやる」が一番いけません。

　目標がなしに「できることからやる」というのは、遠回りになったり、取り返しのつかないことを起こしかねないのです。

　都市は変えにくいものですので、政治が主導する責任があります。その一方で、民間は一番多くの経験をしているはずなのですから、民間として何をやりたいのかをしっかりと提案・提言して実行していく責任があります。

伊坪：まず災害被害につきましては、国連大学調査ですと年間被害総額は3,000億～7,000億ドルと推定しています。その内割合が大きかったのが、洪水、地震、防雨風、干ばつなど。2011年はやはり地震の割合が大きかったですが、それ以外の年では、干ばつや暴風が大きかったです。災害のバリエーションが多彩で、気候変動、水も含めて色々な被害は発生しています。

　ここでの金額は、被害に対応する際の資金を示しています。気候変

動なら、緩和策は CO_2 排出量の削減、適応策なら、防潮堤を造って水位上昇被害を避けるというもの。従来は CO_2 削減ばかりでしたが、被害が始まっていますので、緩和策だけでは無理で、適応策の導入が必要です。

　総合的観点から気候変動に対処していく必要があり、そのための情報共有もまた必要です。環境省のプロジェクトでやっていますが、ある特定ではなく、包括的な視点から総合的に緩和策・適応策を考えていくべきでしょう。欧州では循環型経済が注目されています。欧州委員会は800ユーロという費用をかけて循環社会の構築や3Rを積極的に進めており、静脈関係は物によるリサイクルが変わりますし、そこでリサイクルが上手くいかなければ環境問題に発展します。雇用問題やリサイクルは高度な技術を必要とする場面は少ないですが、循環社会を目指すために環境問題について提言することに繋がり、欧州の中でうまく使われています。これもまた都市設計と言えるでしょう。これを1つのモデルとしながら、日本においても、都市設計を日本の中で持続可能な社会の形成に繋げていくべきです。

涌井：防災・減災のみでなく、日本人が「克災」という言葉を世界に向けて発信すべきです。災害があるのは当然のこと。ここ30年の世界の傾向を見れば、経済被害は右肩あがりで、一方で人的被害は右下がりです。改めて地域の伝統文化に学び、津波が来るのは当たり前と考えましょう。そう達観していた祖先たちの英知は土地の選び方にも表れ、3.11の災害時も、被災地の歴史あるお堂やお寺は被害を受けていません。

　緩和だけでなく、しっかりと土地から学んだ適応策を考える。災害時のレジリエンス性やリダンダンシーを常に自然に学びつつ考え、防災・減災に効果ある都市を創造するという課題が今後の都市創造の議論に欠かせません。一般的に、環境ストレスは最も脆弱なところに出現するといわれています。2030年までに誰もが取り残されない社会を目指すという2015年のサミットが掲げた目標SDGs実現のためにも、シェアリングエコノミーなど新たな発想で未来の都市創造を考えることが大切なのではないでしょうか。

三木：ミュンヘンの保険会社の統計値は、100年だとまだ短いと言えます。大事なのは世界の都市で、自然災害の1番は洪水です。ほか、ランドスライディングや干ばつなどがあり、地震は7番目か8番目くらいでしょう。日本は地震の常襲地帯であり、最近は免震構造が採用

されています。近年は長周期の地震により今まで経験しなかったような新しい災害が増えてきています。これは長周期の地震が増えているのではなく、今までの計器では観測できなかったものと、あるいは大きな橋や建築物など長周期の波に応答するような構造物ができたこともあります。災害が起きる中でピアノが部屋の中を走ってつぶしたとか、さらには災害の形態が変わってきています。東京は、世界でも稀な頻度で地震が来る都市です。我々としては、強い地震が来る場所に立地する都市としてのレジリエンスを考えるべきです。これは世界のどこにも前例がないこと。建築も橋梁もまったく同じ問題であり、東日本大震災の際にも柔らかいビルだから揺れました。ゆえに東京では現在、特徴的な「克災」研究が重要になってくるのです。

河野：発災したら公園に避難するわけですが、冬の寒い夜に公園に避難する人が果たしているでしょうか？　逃げ込める建物や街、あるいは公共空間、公園を活用していかなくてはなりません。今は公園を避難所としてしか考えていない造りになっています。仮設トイレといった公園利用の研究も行われていますが、平時にランニングステーションになっている所が、災害時には、そこに避難している人が乳幼児の授乳やおむつ変えなどを行う場所にチェンジできます。つまり、平時と災害時の両方で使えるようにするのです。民間のノウハウを活用するなど、どう抑えるかではなく、どう稼ぐかを一体的に考える必要があります。

　道路や公園を使用して収益を挙げてはいけないという一般論がありますが、そうした中でどうやって稼ぐ仕組みをつくっていくのか？　六本木ヒルズであれば色々な仕掛けやイベントができますが、官と民が考える公共性・公益性に乖離があると考えます。維持管理の継続のためにその経費を公共空間で如何に稼ぐかが重要です。

伊坪：地域への影響をどう回避するかについて様々な意見がありますが、自分たちの街が他の社会における変化で影響を受ける件につきまして、現在気候シミュレーションは相当進歩しており、ある地域での気候変動や異常気象の発生時に、CO_2 排出の影響度も判るようになってきています。例では、シリア難民は470万人が国外に出ていますが、そのきっかけは150万人がシリアのダマスカスへ移動したためです。その背景には、気候変動によって、雨季にもかかわらず降水量が一ヶ月に30mmしかない年が3年間も続いたことがあります。これによって農民が生活できなくなり、150万人が土地を捨ててダマスカスへと移動したのです。

2011 年に「アラブの春」が起きてからはさらにスケールが大きくなりました。気候変動がなければ難民問題が起きなかったという論文も出ています。こうした難民がヨーロッパを目指しているので、ヨーロッパでは揉め事に発展しています。外から難民が押し寄せてくる時代、気候問題や水問題についても影響を与えます。日本は海に囲まれているために見えにくいですが、対岸の火事とするのではなく、持続可能性を考える上では重要なことです。

涌井：河野さん、伊坪先生、三木学長と議論をさせていただきたいのですが、3.11 の災害時も、くり返し申し上げているように、環境面でも経済面でも限界は見えてきています。例えば道路を例にとりますと、これまでのように天上天下全てが道路。「車を通す」ことに特化した社会資本が単一の機能しか果たさない状況でいいのでしょうか？　河川空間は単なる治水・利水だけに特化してよいのでしょうか？　財政制約もあり、効率もさることながらリバブルな都市環境を創造しようと目論む方向下では、ありとあらゆる社会資本の機能を複合化・重層化させることが重要なのではないでしょうか。これまでのように公共が「管理する」から、市民協働が可能な場面では、社会資本を「運営する」「経営する」ことに積極的に関与する方向感が大切なのではないでしょうか。三木先生らが尽力された立体道路制度なくしては、道路と公園と住宅再開発が一体となった「大橋ジャンクション」は実現できなかったと思われます。社会資本は単一目的ではなくどんどん重層化させながら、コミュニティを活用しながら暮らしの豊かさに繋げ、かつ地域住民の協力により良いマネージメントを導入しつつ、副次的にメンテナンスコストの一部も低減させることができたならと考えます。

　いわゆる公民の連携です。試験が著しく制限された昔は公権力に対応するための「共」の世界を作り出しました。しかし戦後その共が公と一体化し公共となるにつれ、行政サービスに任せればよいという風潮になっている一方で、近隣の熟度の高いコミュニティが自ら積極的に民間資本も取り込みつつ、極端に言うと魅力があるがゆえに受益に対して支払い価値が生じるような公園や道路を造っていく。そこで私の分野では、都市公園をさらに魅力あふれる空間へと考え、3 年間費やし国交省で委員会をつくり、公園の公民連携を可能とする法律改正「公園 PFI 法」を成立させることに成功しました。

三木：同感です。複合化は難しくなく、むしろ空間利用ができるようになって進んでいます。事業主体としてのお金の主体はどうなるのか、公はなにを心配しているのか、民間に任せて大丈夫なのかなど制度が老朽化しています。しかし、いくつかの新しい試みは出てきています。東急電鉄は仙台空港の民営権を購入しました。羽田空港の D 滑走路は 30 年間メンテナンスしてから国に渡すというような色々な仕組みをつくり始めています。有料道路制度が今後無くなった時には、首都高をどのようにメンテナンスできるのかということも大きな課題です。民間がどこまでやり、サービス性を担保できるのか、私は民間にどんどん任せた方がいいと思いますが、世界には民間に任せたために失敗したという例も多くあります。東名高速も、私鉄も、官民がどこをどう分担し、どう収益を上げながらマネジメントするかが問題です。

＜会場からの質問＞

佐々木様：私は去年の春から東京に来ましたが、それまで神戸、大阪でまちづくりに関わってきました。国に対する働きかけをされていますが、世界的に見て環境都市となると、日本の中では東京への一極集中問題を考えるべき時期に来ているのではないかと思います。日本がこれだけ超高齢化・人口減少の課題を抱える中、東京だけは人口が増えているのです。関西でも人口は減っており、アンバランスな超高齢化になりつつあります。地方都市が頑張らなくてはならないのでしょうが、同時に国の政策が成長一極に向かうと、大都市だけにお金が落ちるという政策的な問題はないでしょうか？　環境都市を実現するために東京だけが膨れていくのが環境問題を齎していると思いますので、東京は東京で経済的活動をしていきつつ、東京以外の地方都市ももっと個々の魅力を出してそれなりに発展していくことを志さないと、環境問題や東京の問題も解決できないのではないかと思います。如何でしょうか？

三木：難しい問題ですよね。政策的には何度もトライしているはずですし、今も分散指導の政策をしているのですが、生活の問題、人口が集中したことで効率が高いこと、今の東京の都市構造や快適さなどが全部絡んできます。

河野：東京がエンジンにならなかったら、日本が成り立つでしょうか？東京には東京の役割がありますし、我々はもっと東京の力や価値を高める必要があります。東京は今世界を見ており、世界から日本に力を持ってくることに注力しています。東京だけで世界が認めてくれるわけではなく、地方は地方の良さがあります。地方が目指すのは都市化で

はありません。地方らしさを発揮するべきです。自治体単位で成り立たせないといけないからと色々苦労しているようですが、もう少しその仕組みを考える必要があります。

　例えば地方の駅に降り立った時、当たり前のように7階くらいのビルがあり、大きな広告がある……そんなのは東京と同じで面白くありません。京都ですら、新幹線の駅を降りたら目の前が壁で、京都の街が何も見えません。地下鉄の駅も、どこで降りても同じ。日本全国そんな状態です。もっと駅で降りた瞬間からその町の風景がドンと目に入ってくるような仕掛けが欲しいですね。

　街の活性化や発展とは、必ずしもモノをつくることではなく、あえてモノをつくらない選択もあると思っています。例えば東日本大震災からの鉄道復旧記念に、駅を造るのではなく、あえて無人駅にするとか。写真に撮りたくなるような風景があった方が楽しいではありませんか。しかしながら経済活動はなくてはならないわけで、ではどこで経済活動を行えばいいのか？　コンパクトシティは目的ではなく、手段です。地方は地方でしかできないことがある。都市でつくる環境は、人間の知恵やテクノロジーを使ってうまく創っていくという発想であり、大きな目で見ると地方とは似て非なるものであります。地方には本モノがあります。ただししっかりとそこに手を入れていかなければ、自然も逆に人を害する存在になりかねません。そういった大きな目線での考え方が必要です。

三木：道州制は上手くいかず、なかなか機能分化していきません。皆がハッピーではありません。本学の先々代の学長 中村英夫先生はそのプロであり、常に「小さいまちは素敵だ」「それはそれぞれの街・地方都市が誇りを持っているからだ」とドイツの素敵さを語っていました。大学も同じで、地方大学がどんどん衰退しており、この文化を変えなければ維持していくことは無理でしょう。大学制度や社会の仕組みを作り直さないと一極集中は直りませんし、旧帝大＋2、となってきて格差がついてしまいます。行政的には限界を感じています。一極集中になる理由は、Uターンしない、地方にあまり魅力がないから住めないなどがあります。それぞれの街が魅力的になる仕組みを創らねば無理でしょう。

涌井：思いもかけぬご提案をいただきました。1つ思うのは、やはり公共財としての社会資本の未来の在り様です。国際的競争力を高めるための整備の方向は、ある程度熟度が上がりつつあると見てよいでしょ

うから、次は我が国日本ならではのという魅力の創出でしょう。そこで改めて我が国の特性でもある、自然資本への配慮を積極的に考えることこそが重要なポイントになるのではないかという主張をくりかえしたい。都市間の国際競争力の中で唯一日本が懸念されていることは災害への対応力でしょう。それだけに自然資本財、グリーンインフラを活用したレジリエンス性やリダンダンシーを高める方策を描き出す。それにより、国際的なマイナス評価下にある、防災・減災性能を高め、併せて美しく安らぎに満ちた都市創造をどう図るかという点に尽きると考えています。明らかに世界の先進都市は美しく安らぎに満ちたライフスタイルが実現可能な都市を求めています。それこそがサスティナビリティに貢献する都市像だからでしょう。

　具体的に私案を申し上げると、青山・六本木通りに未来の芽がありそうだと着目しています。虎ノ門には、合計7本の超高層ビルが計画され、大丸有地区とは異なる国際金融特区が動き出しつつあります。そして渋谷は東急の手によりビットバレーと呼ばれる若手のIoT・ICTの起業が集中しつつあります。駅前の新たな再開発ビルにはグーグルが入居予定です。渋谷のカオスの魅力に対して、二子玉川には楽天が従業員7,000人と共に就業し、併せてライフスタイル重視のこの町には、多様な目的を持った多くの人々が集まり、いわゆる新名所の様相を呈しています。つまり六本木通りと青山通りには未来の産業と暮らしが見えるとみているのですが如何でしょうか。

　近未来の産業像や経済を考えるとどうしても第4次産業革命を念頭に置かざるを得ません。戦前は財閥が産業を牽引し、そのヒエラルキーははっきりしていました。戦後は企業とそれに関連した重層的な中小企業群が蝟集しその管理構造が日本経済を牽引してきました。しかし大きくて重たいモノづくりは日本経済をけん引し続けるようにはどうしても思えないのです。政府はリニア新幹線などの高速交通網の整備を進めることによって、労働生産人口の減少による日本経済の縮退に対応しようとしています。しかし既にそうであるように、世界の成長は第4次産業革命のさなかにあるICT/IoTなどの企業が牽引しており重厚長大産業を凌駕しています。つまり重厚長大型の技術的イノベーションよりも、新たなライフスタイルに寄与するクリエーションが市場を獲得しているのです。

　そうした革命的変化の中で、日本型の企業はブランドを維持するために、ついリスクマネジメントを強化するあまり、社員の均質化が起き、異質な分子が居づらくなって外に飛び出す。つまり多様性が企業から失われつつあります。ということはトレンドとしてのイノベーショ

伊坪徳宏氏

河野雄一郎氏

ン力は維持できたとしても、クリエーションの能力が急速に減退をしていると言えましょう。そこでドロップアウトをした異能者や、面白いことにチャレンジを試みる若者の起業が関心を集めているのです。実はサブカル的なこうした人々こそが、成長の大きな力になる可能性が大きいことは米国や中国を見ても明らかです。近未来はブランドを確立した企業とこうした創発力ある個業と企業の資金力がコラボして新たな産業を興す方向が動き出そうとしています。

現状に甘んじれば、経団連の 21 世紀政策研究所の基本シナリオに見られるとおり、日本はこの先 2050 年に GDP が世界 4 位に転落し、1 人当たりの生産高は 18 位となって、韓国の 14 位にも抜かれてしまいます。

2016 年のダボス会議「世界経済フォーラム」では、国力に人口は関係なくなり、ロボットや人工知能を上手く扱える国が 510 万人の失業者を出しながらも、同時に 200 万人の新たな雇用が生まれる。しかし創発力に乏しいホワイトカラーの多くは AI に代わられ失業傾向を強めるといったニュアンスの報告がなされています。

あと 10 年すると、国内の交通インフラ整備の進捗で、交通条件が悪いと言われた地域間同士ですら概ね移動が 3 時間圏内に入ります。国土の 7 割は飛行機で 1 時間圏内になります。

そうなれば、漫画釣りバカ日誌に例えれば、「はまちゃんとすーさん」双方の生き方を個人一人で、ある時には「はまちゃん」つまり自己実現を優先する生き方。またある時は、経済力を優先する「すーさん」型の生き方も可能となります。そこにデジタル社会です。あっという間に世界と山奥の地域が情報でつながる。

つまり未来のライフスタイルを支えるのは、経済力ではなく幸福感です。マズローの「5 段階欲求説」で唱えられている、物的要求としての欲しいものが持てる経済力だけでは満足できない。これからの生き方としては「はまちゃん」の様な人生の時間を楽しむゆとりと、ある程度の経済力の両方の欲求をかなえられる生き方が理想となるでしょう。

地方と東京間でのマルチハビテーション（多地点型居住）によって国土に対流現象が起きるかもしれません。

第 4 次産業革命のデジタル社会において、最大の敵はストレスです。北米の第 4 次産業革命型の産業立地はほとんど全てがポートランドなどに代表されるように自然環境が濃密なところに立地しています。クリエイティビティを維持するためにはストレスのない自然と共生できる環境が求められるからでしょう。

そうしたモデルが地方のみならず、江戸に学びつつ、巨大都市でも

実現できることを日本が立証したいものだと考えています。虎ノ門から赤坂・六本木、そして渋谷から 246 を経て二子玉川に至るルートに可能性を見出し、そうした産業が集積できるようにしたいものだと構想しています。そのうえで、皇居外苑やお茶の水から外堀通り、新宿御苑明治神宮・代々木公園などの「東京の緑」をさらに連関させれば、セントラルパークに匹敵する面積になります。緑による癒しや安らぎそしてクリエーション力あふれる地域が伴えば、新しい産業集積とリバブルな環境が併存する、世界に冠たる未来都市を東京に実現できます。その意味からも東京オリンピックは絶好の機会とも言えましょう。再生循環・自然共生の都市創造は十分に可能だと思います。

吉﨑：今回の公開講座においては、多彩な専門家をお招きし、将来世代に受け渡すべき都市の未来を検討することができました。4 回目の福岡先生が、遺伝子が運びきれないものが文化である。それが我々の知恵なのだということを教えてくださいました。いずれにしても未来の都市を考えてゆく上で、それら都市が周辺に与える影響や課題も多いと感じました。最終の 6 回目が終えた時点でセクターを超えた色々な分野の研究会ができたらいいなと思っています。

まずはこの講座を振り返った上で、都市大学の Web サイトを通してまとめを掲載させていただきます。

大和リース株式会社様には改めて御礼申し上げます。

三木千壽氏

エピローグ

吉﨑真司 / 東京都市大学環境学部長

大西暁生 / 東京都市大学環境学部准教授

佐藤真久 / 東京都市大学環境学部教授

宿谷昌則 / 東京都市大学環境学部教授

田中　章 / 東京都市大学環境学部教授

室田昌子 / 東京都市大学環境学部教授

枝廣淳子 / 東京都市大学環境学部教授

伊坪徳宏 / 東京都市大学環境学部教授

飯島健太郎 / 東京都市大学総合研究所教授
環境学部教授

平成 28 年 6 月から 12 月にかけて開催した公開講座では、毎回ゲストスピーカーのご講演の後に、東京都市大学環境学部の教員の進行により議論と意見交換を行いました。ここに、環境学部・学科及び各教員の専門分野について紹介をさせていただくことと致しました。

　環境学部は、地域から地球規模に及ぶ環境問題を調査・計測・分析によって科学的に捉え、持続可能な自然環境や都市環境を積極的に創り上げる能力、経済活動に伴う環境負荷を評価・分析し、それを環境調和型へ転換するための企業経営や政策形成に貢献できる能力を持った人材を育成したいと考えています。

　「環境学」は農学などと同じように応用分野の学問であり、実践的研究と教育を行う分野ですが、そのためには環境問題の元となっている自然や都市の仕組みや成立ち、機能や効果を自然科学の立場から理解すること、並びに環境問題の解決に向けた企業経営や消費者行動、社会システムや経済・政策などの社会科学的アプローチが必要と考えており、前者については「環境創生学科」、後者については「環境マネジメント学科」を設置して、農学、工学、経済学、社会学といった異なる分野の教員で学部を構成しています。

沿岸都市に欠かせない Eco-DRR の考え方と
これからの海岸林

吉﨑真司（東京都市大学環境学部長）

1. はじめに

　本講座を開講した時、東日本大震災から 5 年が経過していました。それからさらに 2 年が経過して、被災した東北地方の太平洋沿岸では、防潮堤や海岸防災林の建設が急ピッチで進み、市街地の多くでインフラも整備されつつありますが、未だに 7 万人以上が避難生活を送っている現実から地域社会の復興という視点で考えると、まだまだ多くの課題を抱えていると言えるでしょう。四方を海で囲まれた我が国の大都市の多くは沿岸域にあり、今後の発生が予想されている南海トラフ地震とそれに伴う津波を考えるとき、将来にわたって「災害に強い都市」をどう築いていくのかは、我々に課せられた重要な課題です。

　平成 23 年 7 月に提言された「津波防災まちづくりの考え方」[1]では、「最大クラスの津波が発生した場合においても「人命が第一」として、ハード・ソフト施策を総動員する「多重防御」を津波防災・減災対策の基本とする」としています。また平成 24 年 7 月に中央防災会議が決定・公表した「防災対策推進検討会議最終報告」[2]、また「南海トラフ巨大地震対策検討ワーキンググループ」[3]と「津波避難対策検討ワーキンググループ」[4]の報告の中で、海岸防災林の整備は、上述した「多重防御」の一つとして位置付けられています。

　一方、2016 年に IUCN（国際自然保護連合）から、Nature-based Solutions（社会の課題に対する自然を基盤とした解決策）という考え方が提唱されました[5]。自然が持つ様々な仕組みや機能を最大限発揮させることによって、我々の社会が抱える課題を解決しようということと理解できますが、その中に「Eco-DRR」という用語が出てきます。Eco-DRR とは、"Ecological-based Disaster Risk Reduction" のことで、「生態系を活用した防災・減災」[6]という考え方です。

　実は、日本の山地は今でこそ豊富な森林に覆われていますが、日本書紀の時代から第二次大戦後まで、ずっと森林の荒廃と山地災害に悩まされてきました。沿岸域においても同じで、砂浜からの飛砂により家屋や畑が埋没するなど、人々の暮らしを脅かしてきました。これらの災害に対して人々は、森をつくって土砂災害を抑制したり、河川でも堤防を造ったり、海岸では砂丘と海岸林を造成して減災を試みてきました。このように我が国では、すでに多くの時間をかけて Eco-DRR とい

うことを実行してきています。しかしながら、これらの対策は分野ごとに対応されており、色々な対策の組み合わせの総体がどれだけの防災・減災機能を持っているのかといった、「統合の視点」が不足していたように感じられます。更には、我々現代人は産業の発展によって機械力を獲得して、本来の地形や土地の状況を一気に、そして大きく変える力を持つこととなりました。そのために、過去の災害の教訓やその場所で本来営まれていた生態系の姿すら、見えなくなってしまっているようにも思えます。

　筆者は、これまで沿岸域における海岸防災林に関わってきました。東日本大震災時に、海岸防災林は役に立たなかった、折れたクロマツが内陸へ流されて二次災害をもたらした、などと多くの非難を浴びました。我々からしてみれば、倒れるまで、折れるまではよく頑張ったな、と思うのですが、二度と同じことを繰り返さないために、災害に強い海岸防災林を目指さなければなりません。

　本稿では、災害に強い沿岸都市を築くために、我が国の沿岸に広く成立している海岸防災林の機能と効果の紹介並びに今後の海岸林の有り様について私見を述べます。

2. これまでの海岸防災林

　我が国における海岸林の歴史は古く、西暦 700 年代から記録がありますが、史実としては 1573 年から 91 年にかけて造成された現在の沼津市千本松原が最古と言われています[7]。そして江戸時代の 1600 〜 1700 年代に全国で「砂留」「風除」などの防災目的で海岸林が造成されていきました。昔は技術も未発達で、今のようにブルドーザーなどの重機もありません。人々は色々な樹種を試し、枝葉を使ったり柵を使って風を弱め、砂を防ぎながら、砂浜という貧栄養でかつ水持ちの悪い場所にマツ林を造り上げました。具体的な技術は地方によって様々ですが、例えば静岡県掛川市の遠州灘に面した海岸では、内陸から汀線に向かって約 6 列の林帯が造成（図− 1）され、その結果、図− 2 に見られるように最大 1km ほどあった砂浜や砂丘がほぼなくなっています[8]。こうなると、海岸における飛砂の発生も大幅に抑制された

であろうことが容易に想像できます。

しかし、このような海岸林も第二次大戦以後、急激に衰退していきました。その原因が燃料革命によるマツ林の放棄と松枯れの蔓延でした。そして松枯れ後には広葉樹林化が一気に進むことになりました（図－3）。そのことはマツ林が果たしてきた防災機能の急激な低下を意味していました。「そのまま放置して広葉樹林になっても良いではないか？ それが自然だ！」という研究者もおりますが、私はそうは思いません。特に海岸林のように「防災」を目的に造られている森林は、その機能を発揮してこそ存在価値があるものと思います。自然に戻すために造る森林と防災目的のために造る森林とは、使用する樹種、林形、林相ともに自ずと異なるものと考えます。

2011年3月11日に発生した東日本大震災は、このような海岸林が大きな課題を抱えている、まさにそのタイミングで発生したと考えています。図－4に東日本前後における海岸林の課題を整理しました。

3. 海岸林の機能と効果

東日本大震災によって、東北地方太平洋沿岸の海岸林の多くが被災しました。図－5の左上は被災前の岩手県陸前高田市の高田の松原、右上図は津波によって防潮堤の内陸側が洗堀されている状況、左下は

折れたクロマツが離脱せずその場に留まっている状況、右下は引き浪によって引きちぎられた樹木のようすを示しています。これらの経験から、私たちはどうすれば災害に強い海岸林を造成できるのかを考えなくてはなりません。海岸林は、そもそも次のような機能を備えていると言われます[9]。①津波被害の軽減、②飛砂の発生を抑制し砂丘の移動を防ぐ、③背後地への防風、防潮、飛塩防止、④漁場の育成、⑤風致・レクリエーションの場の提供、⑥生物多様性の醸成 です。このことから海岸林は、「防災」と「環境」を一体として捉える思想を持っていたと考えられます。

さて、海岸林の機能の中で最も高い効果を示すのが、飛砂・飛塩の防止です。すなわち、樹林によって汀線からの飛砂を止め、背後の防風範囲を確保することによって家屋や田畑、道路などを日常の災害から防ごうとするものです。図－6に障害物周りの風速の分布を示します。風が図の左から柵や樹林などの障害物へ当たると、障害物の上方で加速、背後で減風域が発生します。減風域の範囲は障害物の高さの約10倍から15倍程度と考えられます[10]が、その程度は障害物の遮蔽率（隙間の大きさ）によって異なります。海岸林はこの原理を利用して造られています。もちろん海岸林を構成する樹木は生き物なので、いきなり高さが10mを越える樹林ができることはなく、風に対応しながら徐々に高さを増していきますので、全体として図－7にあるような風衝形を形成することになります。東日本大震災によってL1津波、L2津波が想定されていますが、やはり図－7に示す「海岸林の基本形」を常にイメージした森林づくりが必要であると筆者は考えます。

4. これからの海岸林

東日本大震災後に、我が国の海岸林造成技術は大きな変換点を迎えています。我が国における従来の海岸林は、砂丘や砂地上にマツ林を造成することを前提としていました。しかし震災後、津波堆積物による植栽基盤造成や周辺山地からの畑土や森林土壌など、様々な物理化

図-1. 静岡県掛川市付近の複数列の海岸防災林

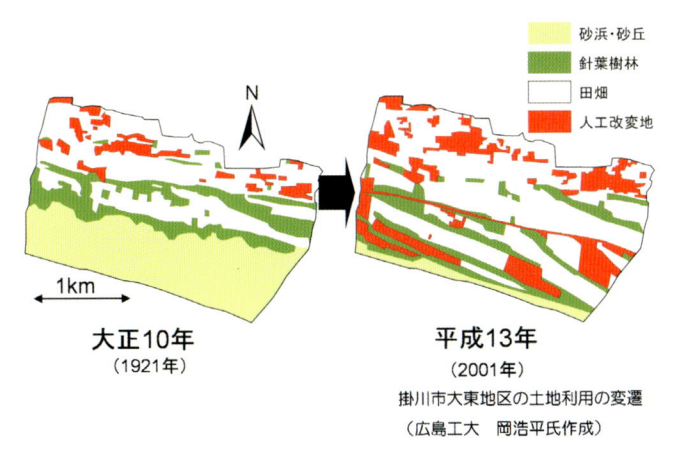

砂浜・砂丘
針葉樹林
田畑
人工改変地

N

1km

大正10年
（1921年）

平成13年
（2001年）

掛川市大東地区の土地利用の変遷
（広島工大　岡浩平氏作成）

図-2. 静岡県掛川市大東地区の土地利用の変遷

図-3. 海岸林が抱える課題（マツ枯れと広葉樹林化）

学的特性を持った土壌が運び込まれることとなり、排水不良、締固めによる物理性の悪化、畑土の搬入による外来種の侵入や繁茂など多くの課題を抱えることとなりました（図－8）。

また、震災によって海岸林が消失した地域では、湿性な環境が出現したり、必ずしも海岸林の再構築を必要としない場所も出現するなど、従来の海岸の立地特性を含めた新たな土地利用システムの構築が進んでいる地域もあります。今後、海岸林を単独で修復するのではなく、沿岸域の土地利用の一形態としてどのように組み入れていくのかの検討が必要です。

筆者は、沿岸域で最も大切なことは、汀線から内陸へ向かって変化する環境の連続性の確保であると考えています。図－9は石川県金沢市付近の海岸のようすです。これは人工砂丘です。先人たちが苦労して造成した人工砂丘上には海浜植生が繁茂し、砂丘表面は安定しているために飛砂の発生は抑制されています。背後の海岸林はこの安定した砂丘によって保護されて成立しています。仮にこの人工砂丘が、想定されているL1津波の高さよりも十分に高ければ、防災機能を発揮できる可能性はあるのではないでしょうか。残念ながら筆者は、津波に対する砂丘の抑止効果についての知見を持っていませんが、海岸からの連続性が遮断されるコンクリートによる防潮堤と、海岸からの連続性が維持される安定した砂丘の津波に対する耐性の評価について、今後検討する価値はあるのではないかと考えています。

最後に、今後の海岸林にとって最も大切なことの一つは、将来の担い手の育成です。図－4に示したように、震災前の海岸林は地域にも見放された状況でした。その素因は燃料革命や松枯れに伴う手入れ不足にあったと考えられます。現在、修復が進んでいる東北地方太平洋岸の海岸林が育っていくとき、この大面積の海岸林を誰が保育するのでしょうか。それは間違いなく地域の人々です。これから育つ海岸林は地域の人々に愛され、可愛がられる存在でなければなりません。そ

のためには、今から将来の海岸林を大切に守ろうとする地域リーダーを育てることが、何よりも大切だと考えています。

5. まとめ

本稿では、我が国において古くから進められてきた海岸林の造成の歴史と、海岸林の衰退の要因、海岸林が持つ機能と効果について整理し、過去から現在に至るまでの海岸林の課題をまとめました。そしてそのうえで、日常の飛砂・飛塩防止のための海岸林の基本形を示しました。そのうえで、これからの海岸林の有り様についての私見を述べました。更に、本稿では取り扱えなかったことも含めて、次ページに海岸林の修復についての考えをとりまとめました。

引用文献

1) 社会資本整備審議会・交通政策審議会交通体系分科会・計画部会 (2011) 津波防災まちづくりの考え方, 社会資本整備審議会・交通政策審議会交通体系分科会計画部会緊急提言, 1-8pp.

2) 中央防災会議防災対策推進検討会議 (2012) 防災対策推進検討会議最終報告～ゆるぎない日本の再構築を目指して～, 1-44pp.

3) 中央防災会議南海トラフ巨大地震対策検討ワーキンググループ (2013) 南海トラフ巨大地震対策について（最終報告）.

4) 中央防災会議防災対策推進検討会議津波避難対策検討ワーキンググループ (2012)「津波避難対策検討ワーキンググループ報告」.

5) IUCN (2016) Defining Nature-based Solutions, IUCN World Conservation Congress, Hawaii, 2016.

6) 環境省自然環境局自然環境計画課生物多様性地球戦略企画室 (2016) 生態系を活用した防災・減災に関する考え方. 63pp.

7) 小田隆則 (2003) 海岸林をつくった人々, 254pp., 北斗出版.

8) 吉﨑真司 (2014) 我が国における海岸緑化の現状と課題－静岡県遠州灘海岸を例として－, 景観生態学第19巻第1号, 35-40p.

9) 村井他編 (1992) 日本の海岸林, 513pp., 株式会社ソフトサイエンス社.

10) 真木太一 (1987) 風と防風施設, 301pp., 文永堂出版.

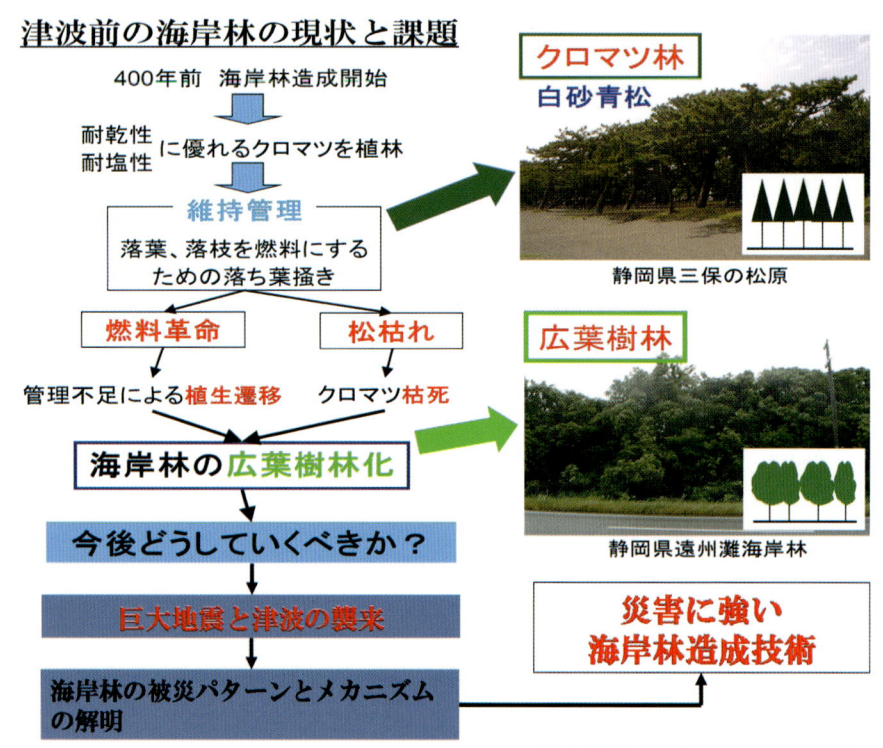

図-4. 東日本大震災前後の海岸林の課題

図-5. 東日本大震災前後の海岸林と被害の状況

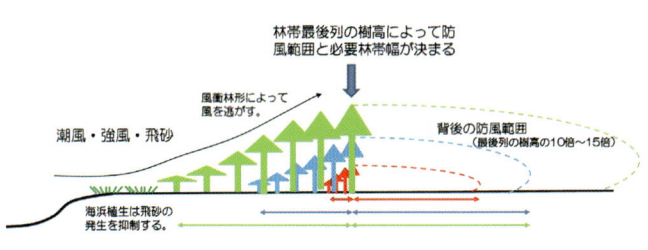

図-7. 防風・防砂のための海岸林の基本形

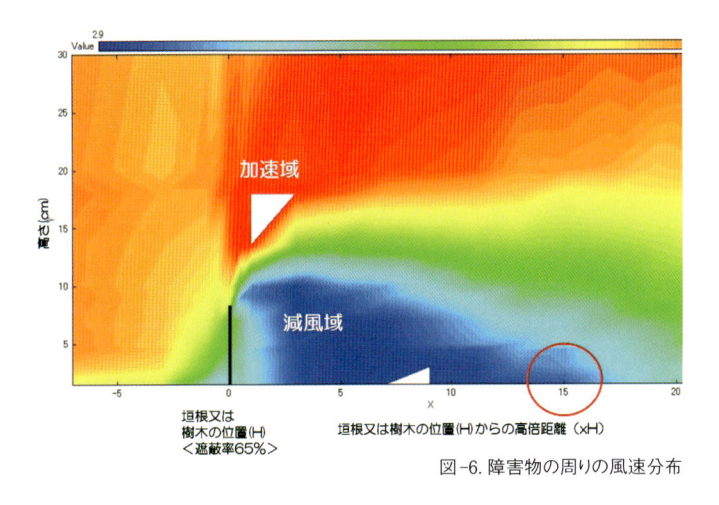

図-6. 障害物の周りの風速分布

図-8. 左上／海岸林の修復状況（宮城県仙台）。右上／排水対策（宮城県仙台）。左下／過湿害による植栽木の枯死 (岩手県摂待浜)。右下／寒風害による植栽木の枯死（宮城県仙台）

図-9. 石川県金沢市近郊の海岸：人口砂丘状は汀線から内陸にかけて徐々に高くなり、かつ海浜植生で安定している。海岸林はその背後に成立している

図-10. 岩手県陸前高田市高田の松原における市民参加の植樹祭のようす：参加者の中から、将来の海岸林の担い手が育つことを期待する

1．社会全体としてサポートし続けるという環境の創出
2．森林が持つ多機能性の発揮（全てが100点ではない）
3．海岸林の衰退は人々の暮らしと自然との乖離が素因である。
4．解決には自然科学と社会科学の融合が必要。
5．自発的・自立的地域コミュニテイの醸成（合意形成過程の共有）
6．人材（地域リーダー）の育成
7．環境教育及び教育教材の開発、行政との協働
8．存在意義の共有化（目標樹林と育林プロセスの明確化）
　(1)生態系サービスの強化（里浜の生態系の維持）
　(2)機能重視の海岸林（防風、防潮、防砂）
　　　すかす、いなす、とおす、やり過ごす、受け流す技術
　(3)景観資源としての海岸林（海岸景観形成）

海岸林の修復についての考え

未来の「環境」都市 ―講座から考えたこと―

大西暁生（東京都市大学環境学部准教授）

　第2回の講座では「自然と共生し豊かに暮らせるまちづくりとは」というテーマで議論を進めました。登壇者からは、横浜市や世田谷区における環境や子育て等の取り組みについて先進的な話題を提供していただきました。また、「レジリエントなまちづくり」という考え方についてもご紹介いただきました。各登壇者の様々な視点による話題提供ではあったものの、各々の都市に対する考え方を十分知れたと感謝しています。ここでは、各登壇者の話を踏まえ、都市に対する多様な視点がなぜ必要なのかを私なりに考え、少しまとめたいと思います。

　本来、都市を形成するには環境以外の多くの要素が必要なのは周知のことだと思います。では、都市にどのような要素があれば豊かに暮らせるのでしょうか。もしくは、自分にとってどのような要素を都市に望んでいるのでしょうか。日常生活における移動がしやすいまち。災害などに強靭でまた防犯も守られているまち。緑豊かで心が安らぐまち。大気や水がきれいで健康的に暮らせるまち。これ以外にも多くの要素が挙げられますし、この一要素が満たされただけでは豊かに暮らせるとは限りません。

　今回の「未来の環境都市」でも、単に自然環境を保全するといった狭い意味での「環境」をテーマにしたのではなく、私たちが住まう様々な取り巻き、すなわち一人一人が豊かに暮らしていくために必要不可欠な諸要素の総称として「環境」ということばを使ったと私は理解しています。単純な例ですが、自然と共生した生活環境が日々実現されたとしても、私たちの日常が安全でなければ「豊かに暮らせるまち」とは言えないでしょう。最近、私たちがよく耳にする「環境」という用語の多くは、狭い意味からこうした広い意味のものに変わりつつあり、私たちの生きる時代そして将来に渡って豊かに暮らすことができる要素を多く備えている都市こそが暮らしやすい「環境」の都市であると評価されています。将来の都市像を鮮明にイメージさせる様々な表現として、コンパクトシティ、スマートシティ、エコシティ、低炭素都市等、多くの用語が使われます。当然、これらの言葉にはそれぞれ重要な意味があり、都市を形成するために必要不可欠な要素と内容が含まれています。そのため、こうした諸要素を自分の中で総括し、今から将来、そして自分と社会にとって豊かさとは何かを広い視点をもって考える必要があります。

　成長から衰退、拡大から縮小、そして量から質へと、私たちの社会は大きく転換しています。一昔前のベビーブームによる人口増から現在の少子化による人口減、都市空間構造の分散（スプロール）から集約（コンパクト）、そして大量生産・消費・廃棄から多品種少量生産・適量消費（ミニマリズムの流行）・3R（リデュース・リユース・リサイクル）など、社会の根底から様々なことが大きく変わりつつあります。大人にとっては今までの価値観とまったく異なる発想や考え方が社会の主流となり、それに順応する柔軟さが求められ、一方、若者にとっては今まで周りの大人が経験したことのないような事象が社会の普通となることで、誰からも正確な答えを得ることができず、日々、暗中模索し葛藤する時代に入ってきました。しかし、そんな中でも、私たちがより豊かに暮らしたいという欲求はまったく変わることはありません。

　従来の都市開発は、人工的な建築物やインフラを大量に整備することで豊かさを追求してきました。そして、私たちの多くもその豊かさを信じてきました。しかし、今では環境共生住宅やグリーンインフラなど、今までの都市のあり方や個々のライフスタイルを大きく変容させる新しい発想や考えが豊かさとして追求される時代になってきました。

　これからの時代において、上記のような未経験の将来を目前にまさしく岐路に立つ私たちは、今までのような成り行き型で将来を見据えるのではなく、望む将来像を明確に設定しその実現に向けた方策を考えることが求められています。つまり、フォーキャスティングからバックキャスティングです。誰も経験したことのない将来に向かっているのですから、私たちは自由に豊かさを追求すれば良いのではないでしょうか。どのような要素が豊かな暮らしにつながるのでしょうか。どのような豊かさを追求したいのでしょうか。この講座をきっかけに「豊かに暮らせるまちづくり」について考えていただければ登壇者ならびにこれを企画・運営した環境学部の教員として大変嬉しく思います。

大西暁生（おおにし あきお）

東京都市大学環境学部准教授

2006年名古屋大学大学院環境学研究科博士後期課程修了。博士（工学）。2006年総合地球環境学研究所プロジェクト上級研究員。2008年名古屋大学大学院環境学研究科研究員。2010年富山県立大学工学部講師。専門は土木環境システム・環境資源経済分析・アジアの環境問題。現在は災害廃棄物処理、低炭素・低物質型社会の構築、都市熱環境問題、水需給構造分析等の研究を主に行っています。2010年水文水資源学会論文奨励賞。2014年環境科学会論文賞。

ライフスタイルの選択とまちづくり

佐藤真久（東京都市大学環境学部教授）

1. はじめに

　第2回の講座では、本学の岩村氏と、世田谷区長の保坂氏、横浜副市長の平原氏をお招きし、「自然と共生し豊かに暮らせるまちづくり」に関する講座を開催しました。第2章の前文にも書かれているように、近年、風土と伝統に導かれた「自然と共生し、豊かに暮らせる（日本の）まちづくり」の方向が喪失される危機に瀕しています。このような状況において、パネルディスカッションでは、ありたい社会2030年を見据えたまちづくりとして、どのような点に配慮をしていくことが重要かについて議論が深められました。議論のなかでは、社会資本としてのインフラの構築、社会関係資本としての子どもの居場所づくりやコミュニティ形成、そして、自然資本を活かしたまちづくりとしての環境共生住宅などが提示されました。ここでは、議論を通して提示された視点に影響を与えうる「持続可能なライフスタイルの選択」について筆者の見解を述べるとともに、2015年9月に発表された国連・持続可能な開発目標（SDGs）と「自然と共生し、豊かに暮らせる（日本の）まちづくり」の接点について述べたいと思います。

2. ライフスタイルの選択とまちづくり

　世界的には、「持続可能な消費と生産（SCP）」に関する議論が深められてきており、そのSCPを支えるものとして、「持続可能なライフスタイル」が議論されています。日本においても、これまでの「産業公害」や「生活型公害」の枠を超え、世界の生産、調達、消費の構造をサプライチェーンと捉えつつ、先進国と途上国、都市と農村に住む全ての人々が「グローバルな生活型公害」を認識し、行動する必要性が強調されてきています。Rio+20（2012年）では、「持続可能な消費と生産10年計画枠組（10YFP）」が採択され、先進国、途上国を問わず、社会の消費・生産パターンを資源効率性の高い、低炭素で持続可能なものに変革することを目指しています。とりわけ、「持続可能なライフスタイル及び教育（SLE：Sustainable Lifestyles and Education）プログラム」は、10YFPを構成する6プログラムのひとつであり、2014年11月に開催された「持続可能な開発のための教育（ESD）に関するユネスコ世界会議」（名古屋）のサイドイベントにて正式に発足

しました。

　国連環境計画（UNEP）は、持続可能なライフスタイルに関するグローバル調査（以下、GSSL調査）を実施し、「変化へのビジョン」（原題：Visions for Change）を出版しました（UNEP、2011）。本書では、政策立案者やすべての関係者に対し、16か国のGSSL国別調査結果を発表し、効率的で持続可能なライフスタイルに関する政策と各種プロジェクトの開発を提言しています。GSSL調査の目的は、すべての人の日常生活における基本要素であると同時に世界の環境や社会に大きな影響を与えている分野として「モビリティ（移動手段）」、「食」、「家事」の3分野を対象に設定し、持続可能性の観点から世界の若者の日常生活や期待、将来のビジョンを把握し、理解することでした。筆者も、同様の調査を日本の大都市圏において実施をしましたが（佐藤、2017）、この2つの調査より明らかになったことは、持続可能な生産と消費に向けた「ライススタイルの選択」は、決して、あるべき姿があるのではなく、「個人」や「集団」、「能動」や「受動」など、多様な軸でおりなされる生活状況に基づいた選択行為であると結論づけています。日本の大都市圏における「ライフスタイルの選択」についての議論は、経済のグローバル化が進み、経済的利益の過度の追求が世界的に、そして環境的側面、社会的側面、文化的側面に負の影響をもたらしている今日において、とても大きな意義があると言えるでしょう。「自然と共生し、豊かに暮らせる（日本の）まちづくり」に取り組むにおいて、今日までは、政府・自治体による関連施策、社会的インフラの構築などに頼ってきましたが、今後は、個人や市民が「ライススタイルの選択」に責任をもつことが重要な時代となってきました。パネルディスカッションでも指摘された参加型民主主義を軸にした取組は、ますます重要になることと思われます。

3. 持続可能な開発目標（SDGs）の結節点としての「自然と共生し、豊かに暮らせるまちづくり」

　2015年9月に発表された「持続可能な開発目標（SDGs）」では、SDG12（持続可能な生産・消費）が提示され、生産サイドの環境配慮のみならず、消費サイドにおける環境配慮行動、ライフスタイルの

佐藤真久（さとう まさひさ）

東京都市大学環境学部教授

英国国立サルフォード大学にてPh.D取得（2002年）。地球環境戦略研究機関（IGES）の第一・二期戦略研究プロジェクト研究員、ユネスコ・アジア文化センター（ACCU）の国際教育協力シニア・プログラム・スペシャリストを経て、現職。アジア太平洋地域における国際環境・教育協力に関する政策対話・調査研究、持続可能な開発のための教育（ESD）に関する関連プログラムの開発・運営・研究などに関わる。現在、国際連合大学高等研究所（UNU-IAS）客員教授、ESD円卓会議委員、JICA技術専門委員（環境教育）、IGESシニアフェロー、などを兼務。

選択、教育の重要性が指摘されています。

　本講座では、「自然と共生し豊かに暮らせるまちづくり」を議論したものですが、この言葉には、SDGs の様々な開発目標が深く関わっていると言えます。前述の「持続可能な生産と消費」（SCP）は、SDG12 の「つくる責任、つかう責任」として位置付けられていますが、「自然と共生豊かに暮らせるまちづくり」は、それ以外の開発目標とも深い関係性を有していることは明らかです。SDG11「住み続けられるまちづくりを」や、SDG15「緑の豊かさを守ろう」、SDG8「働きがいも経済成長も」、SDG9「産業と技術革新の基盤をつくろう」、SDG3「すべての人に健康と福祉を」などとも深い関係性があることに気づくはずです。

4. おわりに

　筆者は、グローバル化時代の基本問題には、「環境問題」（人と自然）、「貧困・社会的排除問題」（人と人）があると考えていますが、本講座で取り扱った「自然と共生し豊かに暮らせるまちづくり」は、上述のとおり、SDGs の各開発目標の様々な結節点として位置付けられるだけでなく、筆者の指摘する「環境問題」と「貧困・社会的排除問題」の同時的解決を可能にする実践的取組であるとも言うことができます。この講座を通して、様々な領域・分野の方々が、多様な「自然と共生し豊かに暮らせるまちづくり」に向けた議論を深め、ともに協働をしていくことを願って止みません。

持続可能な開発目標（SDGs:2016-2030）

からだ・建築・都市そして地球
─心を豊かにする環境づくりを考える─

宿谷昌則（東京都市大学環境学部教授）

1. はじめに

建築、とくに住宅は、今も昔も、その時代々々に生きる人々にとって最も基本となる空間を与える。多くの人は1日24時間あたり90%以上を建築空間内部で過ごす。人生90年として80年を越す。したがって、建築が構成する環境空間——建築環境に私たちがどのような性質を求めるか、そしてそれをどのように設えるかは、建築の玄人・素人を問わず重要である。

人が建築環境で得る明るさや温かさ・涼しさは、機械・電気仕掛けの照明・暖房・冷房装置が与えてくれる……そう思う人の数は過去60年の間に増加の一途を辿り、いつの間にか本来必要とされるべき需要を遥かに超える電力供給が不可欠であるかのような錯覚を多くの人々に与えることになった。ところが、2011年3月11日に東日本の広域を襲った大地震は原子力発電所の破壊に起因する人災（原発震災）を引き起こし、そのために痛めつけられた広い地域は今なお復旧も復興もままならない。原発震災は人災の極みと言えよう。

人がどう生き、また建築にどう住まうかは、もちろん人それぞれの自由である。しかし、それは倫理性を逸脱しての自由でないことを改めて認識し直したい。

人災の極みが起きたにもかかわらず、大型・集中・一様化を特徴とする技術だけを最重要とする考え方が見直せないままにある人の数は、従来型の科学・技術の玄人ばかりか素人にも少なくない。これは前述した人々の錯覚を出現させるに至ることにもなったと考えられる大型・集中・一様化の意識がこれまでの70年を超える時間をかけて醸成されてきたのだから仕方がないのかもしれない。しかし、小さくとも変化はそこここに着実に起きつつあることもまた確かである。

本稿では、これまで筆者なりに構築してきた（人間生物学・熱力学を融合した）建築環境学の観点から、以上に関連して考えるところを述べ、在るべき建築・都市環境像を描くための参考に供したい。

2. 環境の入れ子構造

「環境」のもっとも一般的な定義は「主体となる何かを囲むモノやそこで起きるコト」だが、主体を人とすれば、環境は空間の大きさをどのように取るかによって、建築環境・都市環境・地域環境……となって、次第に大きな環境空間を考えていくことができる。このことを一枚の絵に描くと図1のようになる[1][2]。環境空間は人を中心として「入れ子」の関係にある。

人は生物の一種だから、自然の一部である。地球環境と宇宙環境が自然であることに異を唱える読者はいないだろう。地域環境はどうだろうか。ここには、道路や橋・ダムなど人工がかなりある。田圃や畑は人が手入れをした自然だが、大部分はやはり自然と言ってよいだろう。このように考えてきて、建築環境と都市環境はどうかと改めて考えてみると、そこにあるのはほとんど人工物であることに気づく。

建築環境・都市環境という「人工」は、人という「自然」と地域環境・地球環境・宇宙環境という「自然」のあいだに挟まって存在していると言うことができる。

私たち人を含む生き物が棲息する大気の底、すなわち地表付近の気候は、太陽からの日射を入力とする一方で、宇宙空間への遠赤外域 熱放射を出力として、これら入出力の長期間における微妙な変動に応じて温暖・寒冷化を繰り返してきた。

日射（可視光・近赤外域 熱放射）と地表から天空へ向かう遠赤外域 熱放射に対する大気の選択的な透過性が温暖・寒冷化に関係していることはよく知られているが、このことに加えて、銀河宇宙線や太陽宇宙線・X線・紫外線に対する大気のほどよい遮蔽性が私たち人を含む生物の身体を放射線被曝から防護してくれていることもまた極めて重要なので、認識を新たにしたい。「ほどよい」と言ったが、防護の必要性だけを考えれば、大気は厚ければ厚いほどよいかもしれない。しかし、それでは日射の入力が不十分になってしまうから「ほどよい」と考えられるわけである。

雲の量が日射入力の大小に大きく影響することは誰もが体験的に知っていることだが、関連してあまり知られていない次のことも、上述のことに加えて、新たな認識に加えておきたい。それは、大陸から離れた海上の大気下層中に生じる雲の量が実のところ銀河宇宙線と太陽宇宙線の変動に大いに影響されて増減し、それが地球における長周期の温暖・寒冷化リズムを形成するのに重要な役割を果たしてきたことである[3][4]。長周期の温暖・寒冷化リズムは生物の系統発生（進化）を可能にしてきたと考えられる[4][5]。大気は、雲の量を適度に増減させるという意味でも程よい厚さにある。

以上のことから、生物の一種たる私たち人の棲む建築・都市環境づくりは、地球環境に備わっている放射調節のメカニズムに倣うのが理に適っているのだと思う。こうした認識をもつと、放射性廃物の生成を必然として原子核分裂の生成熱1/3を利用する電力生産の技術は、

宿谷昌則（しゅくや まさのり）

東京都市大学環境学部教授

様々な建築環境システムの働きを熱力学の観点から研究して、自然のポテンシャルを活かせる不自然でない環境技術とは何かを見出す研究を行なっています。

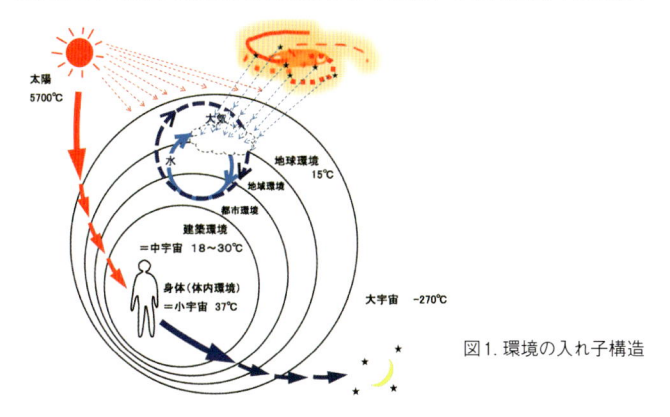

図1. 環境の入れ子構造

照明や暖冷房などの建築環境の調整には相応しくない乱暴な技術であったことが改めて明らかになる。

3．人の身体

　生物学的な視点から考えれば、人の感覚や知覚・意識のすべては、神経系の働きということができる。解剖学や生理学・脳科学で明らかにされてきた知見を建築環境学に取り入れると、人と建築環境の関係をどのように見たらよいかが明確になる。

　人は身近な環境空間に現われる照度や温度・湿度などの物理的変化に応じた「感覚」を入力として、末梢と中枢から成る神経系を働かせて、明るい―暗い、温かい―寒い、涼しい―暑いなどを知覚・認知する。その結果、必要に応じて環境を改変するために、窓の開閉や照明・暖冷房スイッチの入り切りといった「行動」を出力する。行動はすべて筋肉の働きによる。以上の全体を「感覚―行動」プロセスと呼ぶ（図2）。

　人の「感覚」から「行動」へ至るプロセスは、脳を含む神経系が張り巡らされた身体が担うわけであるが、その全体がどのように構成されていくかを概観しておきたい[6]~[10]。これは、2．に述べたことにも関連して、これからの科学や技術の在り方を考える基本として重要だ（と思う）からである。

3－1．身体の全体構成
　人は誰でも一個の受精卵細胞から始まって、約60兆個の細胞からなる多細胞生物へと成長していく。神経系を構成する細胞群はまず、神経管とよばれる管状の構造を形成し、その後、その上部が膨らんでいき、そこが脳になり、残りが脊髄になる。脳と脊髄をまとめて「中枢神経系」といい、脳からは左右12対、脊髄からは左右33対の神経線維が体内に張り出す。図3は以上のことを纏めて、一枚のパネルに表現したものである。

　神経線維の多くは体表に向かって張り出すが、一部は内臓にも張り出す。頭部を含めて体表に向かう一群の神経繊維を「体性神経系」、内臓に張り出す一群を「自律神経系」という。両者をまとめて「末梢神経系」と呼ぶ。体性神経系は「建築環境」につながり、自律神経系は内臓という「体内環境」につながっている。

3－2．脳は入れ子の三層構造
　中枢神経の中枢たる脳は、図4に示すように、大雑把に言って三層の入れ子構造を成す。最も深部の第一層を構成するのは、脊髄の上端に位置する延髄・橋とその背側にある小脳である。第一層は魚類・両生類・爬虫類の段階で発達した脳に相当する。延髄・橋は、呼吸、心臓の拍動、栄養の消化・吸収、血圧の制御、咳・くしゃみ、嚥下・嘔吐にかかわる。

　第二層は、視床・視床下部・乳頭体・脳弓・扁桃体・海馬などと呼ばれる部分から構成されている。系統発生（動物進化）との関係で考えると、第二層は、原始哺乳類の段階で発達した脳に相当する。第二層は「大脳辺縁系（大脳古皮質）」とも呼ばれる。生命は、魚類・両生類から爬虫類への系統発生プロセスで、環境を構成する物質が水から大気へと変化したのに対応して、体液の質と量を維持できる水分調節のしくみを確保し、また、爬虫類から哺乳類へのプロセスで、環境温度の変動に左右されずに体温を恒常化できる体温調節のしくみを確保した。これらの系統発生プロセスには2．に述べた長周期の温暖・寒冷化リズムが大きな影響を及ぼしてきたと考えられる。

　体表にある感覚受容器（脳から皮膚まで繋がっている一連の神経細胞群の末端）から入力される体性感覚・味覚・嗅覚・聴覚・視覚の（いわゆる五感の）情報は、第二層の視床を中継して扁桃体に入るとともに第三層に入る。扁桃体への入力は、第三層への入力と並行して行なわれる。第二層を包み込むように存在する第三層は、第二層が大脳古皮質と呼ばれるのに対応して、「大脳新皮質」と呼ばれる。

　大脳新皮質は、系統発生との関係で考えると、高等哺乳類で発達した脳の部分に対応し、特に前頭葉と呼ばれる前方部分のさらに前方部分「前頭前連合野」は、人の脳で最も発達が見られる部分であり、人が自らの脳と身体を「自己」と意識したり、人の理性的行動を起こしたりすることに関係する。行動の一つたる建築の「住まい方」は前頭前連合野の働きと言える。

3－3．「不快」と「快」の評価
　体性神経系に入力される情報は、（延髄・橋・中脳・視床下部・視床で構成される）脳幹を中心として「情動」を働かせ、その結果として脳を含む身体は「不快」あるいは「快」の価値づけを行なって新たに情報を体内環境と体外へと出力する。出力は筋肉の運動として、あるいはホルモン物質の分泌として表現される。情動は無意識のうちに生じるところが重要である。

　情動は、体内環境（すなわち身体）の状態を神経系が感知し、環境が生命の恒常性を保つのに不適であれば「不快」の価値づけを行なう。身体の状態は、光や熱などの環境物理量の他、他者（人）・人工物との社会的関係性の変化に応じて絶えず更新され続ける。

　脳科学の最近の研究[8]~[10]によると、「意識」は情動（無意識）があってこそ存在する。これは、建築・都市環境づくりの技術開発や住環境教育を進めていく際に認識の基本としておくべき重要な点である。

　脳幹を中心とした神経系は、先ず身体（体内環境）が恒常性の維持に不利（不快）な状態にあるのか、それとも有利（快）な状態にあるのかを「情動」として判断し、延いては関連した「意識」が現われるとともに、（筋肉運動の結果として）他者が見て分かる態度や言葉による表現などの「行動」が出力される。

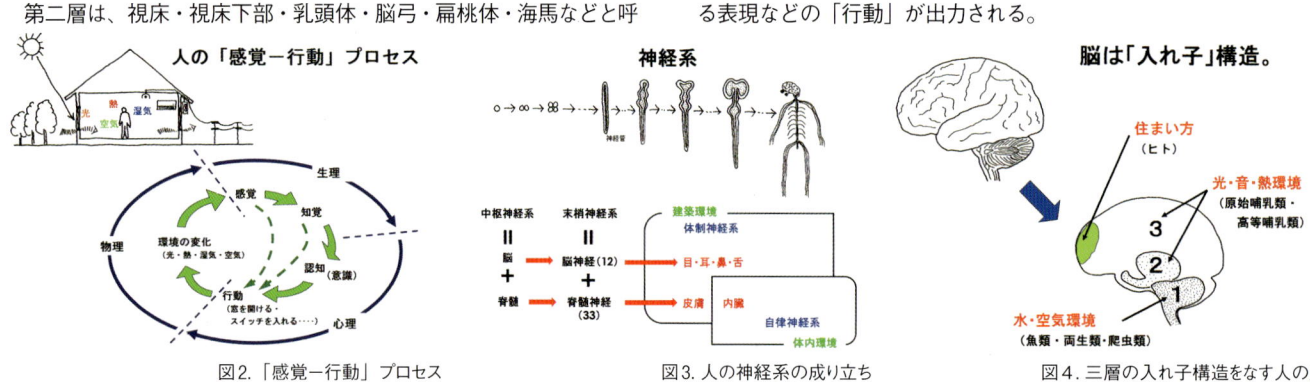

図2．「感覚―行動」プロセス　　　　図3．人の神経系の成り立ち　　　　図4．三層の入れ子構造をなす人の脳

例えば "悲しいから泣く" と言われるが、これは実のところ逆で、泣く（という情動としての身体の状態がある）から悲しい（という意識が現われる）と考えられる。同様に、"暑いから汗をかく" のではなくて、身体が汗をかくという熱的な状態に対して、暑い（という意識が現われる）のだと考えられる。

人にとって不快でない建築環境形成のためにあるべき照明や暖冷房・換気の技術、延いては都市環境づくりのための技術は、上述のような視点が欠落した考え方に基づいて開発されてきたと思う。人の脳における第二層と第三層の働きを同調させ得るような技術開発を目指すことは、建築・都市環境という対象において重要になっていくに違いない。

4. 人体エクセルギー消費と快の動的平衡

筆者は、人体を含む建築環境の成り立ちを解明するのに、「エクセルギー」と呼ばれる熱力学概念を中心に据えて研究を行なってきた[1)11)]。エクセルギーとはエネルギー・物質の「拡散能力」を表わす概念である。エクセルギー概念が必要な理由は、いわゆるエネルギー消費というときの "エネルギー" が厳密にはエクセルギーというのが正確だからである。

エクセルギーは、エネルギーやエンタルピー・エントロピーといった様々な熱力学概念の中で、対象とする熱力学「系」にとっての「環境温度」を含むところが特長である。これまでの研究で、植物や動物といった自然「系」はもとより、照明・暖冷房などの人工「系」に至るまでのすべてが、1) エクセルギーの投入に始まり、2) エクセルギー消費と 3) エントロピー生成、そして 4) エントロピー排出の一連のプロセスを滞りなく営むことで「動的平衡」を維持することが明らかになっている。3−3.に述べた人の身体の恒常性維持とは熱力学的には動的平衡を意味する。

ここでは、このエクセルギー概念によって読み解けてきた人の身体の熱的性質を紹介しておきたい[1)11)]。図5は、冬季の典型的な条件について周壁平均温度と（体表面積 1m² あたりの）人体エクセルギー消費速さの関係を示したものである。人体エクセルギー消費速さとは、人体の熱的なストレスを表わす物理量と考えればよい。周壁平均温度とは、壁や窓・天井・床などの室内表面温度の平均値を意味する（放射温度とも言う）。

この図5から、周壁平均温度には人体の熱的ストレスを小さくする最適な範囲があって、それは 20 ～ 24℃ であることがわかる。周壁平均温度がこの範囲にあれば、空気温度は 18℃ 程度で十分であることもわかる。従来、暖房と言えば、室内空気を加熱することだと思われがちであったが、実は、壁や窓・床の内表面温度平均値を上昇させることがまずは重要なのである。

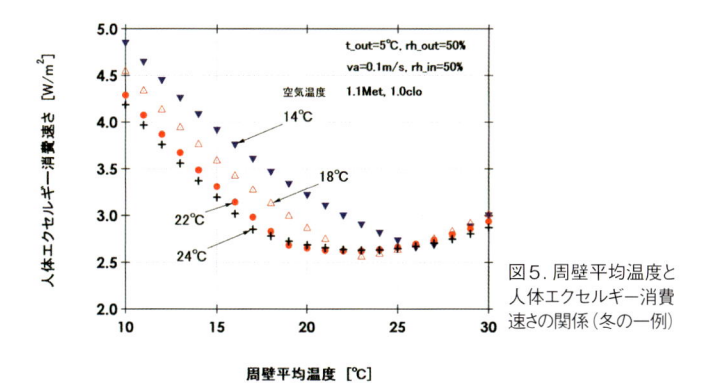

図5. 周壁平均温度と人体エクセルギー消費速さの関係（冬の一例）

建築における "省エネルギー" 手法としての壁や窓・屋根の断熱性向上は、暖冷房用の化石燃料使用量を減らすためと思われがちだが、実はその主たる（一次的）目的は、人体の熱的ストレスを減らすためであり、その上で化石燃料 使用量が削減できるという副次的な効果もあると考えるのが理に適っているのだと思う。

空気の加熱を主としない、言い換えると放射温度の調整を主とする暖房は、騒音が著しく小さく、また室内の粉塵を飛散させにくいので空気汚染を起こしにくい。床暖房は温風暖房に比べて快適性に勝ると言われてきたが、住宅現場の多数を対象とした実測・主観評価の調査は、そのことを統計的に実証している[12)13)]。この結果は、人の情動が、床暖房によってもたらされた温熱環境を「快」と価値づけしやすく、延いては意識の上でも「快」の評価を行なうことを示していると考えられる。

以上と同様のことは、夏季についても論じることができる。その概略は次のとおりである。夏季には周壁平均温度を 30℃ 以下に抑えて通風を可能とすることが肝要であり、そのためには冬に有効な壁や床・屋根の断熱性向上の他に、窓ガラス面の外側における日射遮蔽と、室内の過剰な電灯照明をはじめとする電力浪費の防止による熱発生の最小化が重要である。

これらが環境条件として整えば、人の情動は自然換気のもたらす室内気流を「不快でない」と価値付け、延いては「涼しさ」の知覚が発現するとともに在るべき冷房が小さなエクセルギー消費によって実現でき、それを「快」とする意識が現われることになるだろう。都市緑化が重要な所以である。

5. おわりに

本稿では、1) 環境の入れ子構造を人の身体（小宇宙）から宇宙空間（大宇宙）までの間にどう捉えるか、2) 脳を含む身体が環境との相互作用として情動・意識・行動をどのように発現させるか、3) 建築の省エクセルギー技術は人体のエクセルギー消費を最適化して「快」の情動・意識を発現させやすくし得ることを概説した。

建築・都市環境づくりに関わる技術開発は、以上を基本として進められていくと良いと筆者は考えている。

参考文献
1) 宿谷昌則編著：エクセルギーと環境の理論—改訂版—、井上書院、2011 年、pp.76-84
2) 宿谷昌則：中宇宙としての住まいの環境を考える、Kizuki（OM ソーラー協会雑誌）、2011 年 3 月、p.26
3)J. A. Eddy, The sun, the earth, and near-earth space – a guide to the sun-earth system, www.nasa.gov, 2009
4)H. Svensmark, Cosmoclimatology: A new theory emerges, A&G Vol.48, February 2007, pp. 1.18-1-24
5)H. Svensmark and N. Calder, The chilling stars – a cosmic view of climate change, Icon Books UK, 2007
6) 宿谷昌則：自然共生建築とヒトの「感覚—運動」系にかんする考察、日本建築学会大会学術講演梗概集、2001 年 9 月、pp.437-438
7) 宿谷昌則：人の内なる自然と建築環境、熱と環境、Vol.16、2010 年、pp.2-11
8)A. Damasio, The feeling of what happens – body, emotion and the making of consciousness, Vintage books, 2000
9)A. Damasio, Self comes to mind, Vintage books, 2012
10) 中村俊：感情の脳科学—いま、子どもの育ちを考える、東洋書店、2014
11)M. Shukuya, Exergy – theory and applications to the built environment, Springer Verlag London, 2013
12) リジャル H.B.・大森敏明：集合住宅における床暖房とエアコン暖房の熱的快適性評価に関する研究、空気調和・衛生工学会大会学術講演論文集（長野）第 6 巻、pp.133-136、2013
13)H.B.Rijal, T.Omori, M.A.Humphreys, and J.F.Nicol, A field-comparison of thermal comfort with floor heating systems and air-conditioning systems in Japanese houses, Proceedings of 8th Windsor Conference, UK, 10-13 April 2014

グリーン・リージョンを実現する里山バンキング

田中　章（東京都市大学環境学部教授）

　環境都市を考える時、その都市を含む地域全体からの観点も重要である。本稿では、地域の中の自然環境と都市環境、そのバランスの重要性について述べた。

　日本の里山（ここでは、里海、里地も含めた日本の二次的生態系の総称）は、かつて地域経済と生物多様性の基盤であったが、今日では「オーバーユース」（開発等による自然消失）と「アンダーユース」（利用されず放置され劣化）による危機に直面している。つまり里山に関する生物多様性保全活動は、このままだとどのように進めてもコストにしかならず、持続的になり得ない。「里山バンキング」とはこれらの問題を同時に解決しようとする新しい経済的手法である。

　その基本的な仕組みは、今日ほとんどの先進国が制度化している「生物多様性オフセット（代償ミティゲーション）」（日本は未整備）の自主的な導入と、その発展型としてアメリカ、ドイツ、オーストラリアで盛況な「生物多様性バンキング（ミティゲーション・バンキング）」の仕組みの応用と、さらには現存する様々な地域経済活性化を目的とした里山保全活動の3つを日本の実情に合わせて融合するものである。これによって、これまでコストであった里山の生物多様性保全活動をプロフィットへと転化することが可能になる。

　里山バンキングの仕組みを図1に示す。開発事業など自然を消失させたり劣化させたりする事業者は、環境アセスメントにより自然の損失を把握し、その同等分を里山バンクで購入し確保するというものである。今のところ日本では、開発事業などで自然が失われてもその自然を補償する制度（代償ミティゲーションとしての生物多様性オフセット制度やノーネットロス政策など）は存在しないため法的な根拠はない。日本も早期に法制化すべきだと考えているが、日本ならではの地域連携の中での「里山バンキング」もある程度までは実現可能だと考えている。

　まず、里山バンカー（基本的に誰でも良い）はある流域（集水域）など一定のエリア内でまとまった保全すべき地域を里山バンクとして選定し、生物多様性保全活動を進める。この作業には地域の里山保全活動を行っているNPO、市民、学校との協働もあろう。一定の生物多様性を損なうことがない範囲で、農林漁業やエコツーリズムや環境教育ビジネスなどの利用はむしろ促進される。里山管理に対する自治体などからの助成金なども利用できるものは利用する（持続性という観点で問題がないとは言えないが）。つまり現状の法制度において可能な保全活動はすべて行うと共に、前述した開発事業者などからの生物多様性オフセット代金がある。

　事業者にとっては、開発などによる自然の消失分の自然保護代金を支払うことは短期的には経済的負担となるが、自分たちの所属する地域社会への生物多様性保全に関する責任を果たす団体というブランディングに貢献し、中長期的には経済的なメリットとなっていくと考えられる。もちろん里山バンクの自然保護活動を支援することで、自分たちが計画する開発事業のスムースな遂行が可能になるだろう。逆に、最近のSDGsの普及などに見られるように生物多様性保全の主流化が国内でも進めば、自分たちの開発のために地域の自然を破壊し、それに対して何の代償も行わない場合には、企業イメージの低下や国際市場での競争力低下などのリスクを負うことにもつながる。

　里山バンクは生態学的によりメリットのある広いエリアで行われ、通常は複数の開発事業による代償として使われる。そのため里山バンカーにもより多くのオフセット代金が入る仕組みである。「里山バンキング」によって、従来、コストでしかなかった里山生態系の保全活動がビジネスになり、その結果、地域経済の活性化の強力なエンジンとなり得る。そのためには、里山バンクからのどのような自然がどれぐらい維持、復元、創出できているのかという生態学的かつ定量的な情報発信は不可欠である。

　法的義務がない場合のひとつの例としては、同一流域内の住民、NPO、企業、学校、役所などからの代表者による流域協議会による自主的な取り決めが挙げられる。同一流域内での開発事業などによる自然の消失量と自然保護活動による保全量とのバランスを図る（ノーネットロス）などである。筆者は、自然に対する負荷と自然保護の効果が釣り合い、保全と経済活性化が両立している地域を「グリーン・リージョン（Green Region）」即ち、「緑の地域」と呼ぶことを提案している（図2）。

田中　章（たなか あきら）

東京都市大学環境学部教授

東京大学大学院農学生命科学研究科生産・環境生物学専攻博士課程修了，博士（農学）。東京農工大学農学部環境保護学科卒，農学士。英国国立ウェールズ大学大学院日本プログラム環境マネジメント学部長。（社）海外環境協力センター環境アセスメント学会常務理事。平成29年7月21日　東京急行電鉄株式会社　主催　第9回東急グループ環境賞　努力賞。

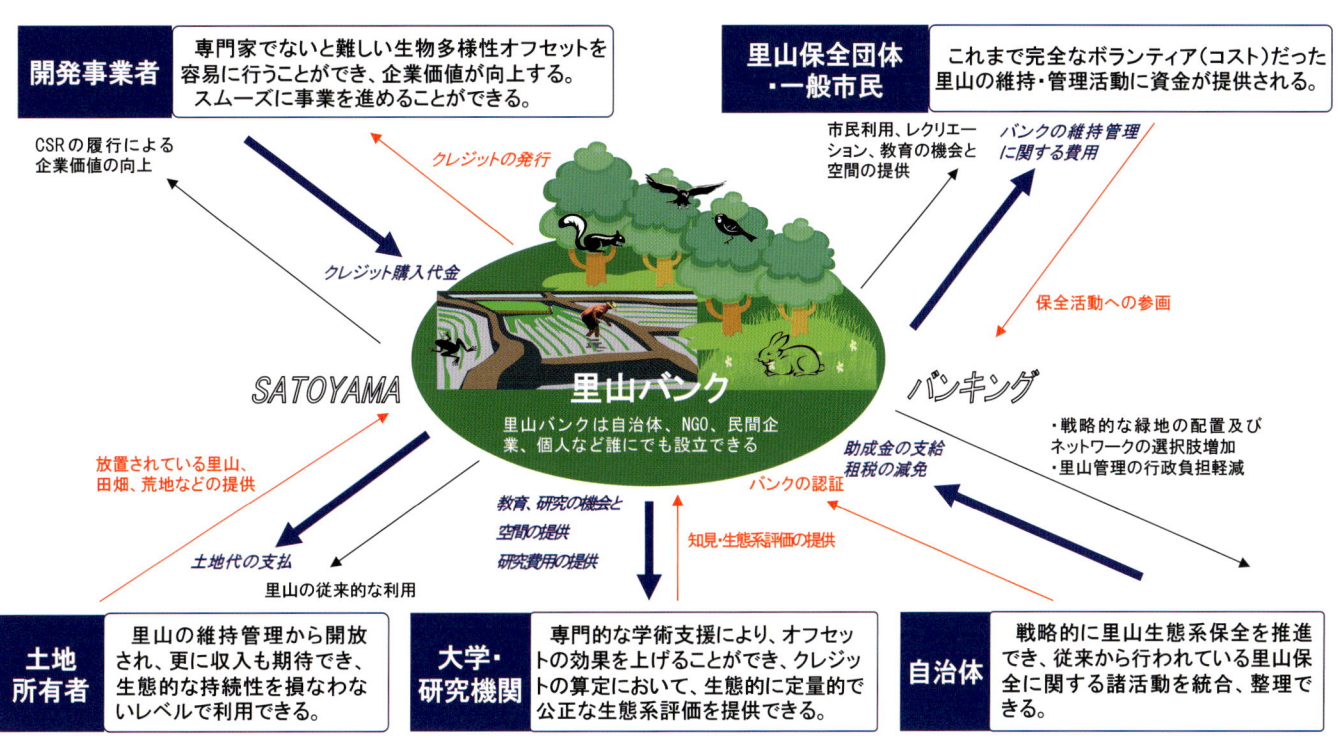

開発事業者
専門家でないと難しい生物多様性オフセットを容易に行うことができ、企業価値が向上する。スムーズに事業を進めることができる。

CSRの履行による企業価値の向上

クレジットの発行

クレジット購入代金

SATOYAMA

里山バンク
里山バンクは自治体、NGO、民間企業、個人など誰にでも設立できる

バンキング

里山保全団体・一般市民
これまで完全なボランティア（コスト）だった里山の維持・管理活動に資金が提供される。

市民利用、レクリエーション、教育の機会と空間の提供

バンクの維持管理に関する費用

保全活動への参画

・戦略的な緑地の配置及びネットワークの選択肢増加
・里山管理の行政負担軽減

放置されている里山、田畑、荒地などの提供

土地代の支払

里山の従来的な利用

教育、研究の機会と空間の提供
研究費用の提供

知見・生態系評価の提供

助成金の支給
租税の減免

バンクの認証

土地所有者
里山の維持管理から開放され、更に収入も期待でき、生態的な持続性を損なわないレベルで利用できる。

大学・研究機関
専門的な学術支援により、オフセットの効果を上げることができ、クレジットの算定において、生態的に定量的で公正な生態系評価を提供できる。

自治体
戦略的に里山生態系保全を推進でき、従来から行われている里山保全に関する諸活動を統合、整理できる。

図 1. 里山バンキングの仕組み

流域（Watershed）＝"グリーン・リージョン"の単位

小流域

雨水の流れ

分水嶺

海域

図 2. グリーン・リージョン（Green Region）「緑の地域」

空き家問題からみる未来につなぐまちづくり

文／室田昌子（東京都市大学環境学部教授）

現在、日本の土地建物は「管理不全」や「放棄」の状態にあるものが増えている。空き店舗、空き家や空き地、さらには耕作放棄地などもあり、これらは管理が不十分、もしくは管理を行っていない状態にあるものが多い。とりわけ問題視されているのは、街の中心部に並ぶ空き店舗、人が多く住むようなエリアにある管理不全の空き家や、空室の目立つ集合住宅、優良な農地のなかにある耕作放棄地などである。本来、十分に利用できる土地や建物であり、適切に利用すれば利用価値もあり、外部にも良い影響を与えられるにも関わらず、放置され周囲に悪い影響を与えている。

例えば空き家については、樹木の伸びによる道路へのはみ出しや通行妨害、ゴミの散乱、倒れそうなブロック塀、伸び放題の草、また、古い家屋で傷みが激しいものもあり、ベランダや玄関・屋外設備の腐蝕、外壁や屋根の損壊、ネズミや虫や野生動物の棲息などが報告されている。これらは、衛生面や環境・景観上の問題に加えて、防犯、火事、災害時の危険性などの多くの面で懸念されている。

これらの放置状態にある住宅について、その理由を所有者に質問すると、明確な理由がないものが多く、「何となく」、「倉庫として使っており空き家ではない」、「思い出があるから」、「面倒だから」などといった答えが目立つ。所有者はその責任に対する自覚が薄く、この問題が現状のシステムのもとで自主的に改善される見込みがほとんどないことがわかる。

現在、各自治体でその実態について、消防や水道局と共に把握を行っているが、現時点では解決にはほど遠い状況にある。問題のある空き家を抽出したとしても、今後増加するであろう管理不全の住宅に対して、一件ずつ責任意識の薄い地元不在の所有者を説得し対応していくことは困難である。特に「特定空家」と呼ばれる劣悪な状態にある空き家に対応するプロセスは多くの時間を使うものであり、自治体がこの対応に追われるような事態を食い止める必要がある。このような対症療法的な方法では問題が悪化する一方であり、もっと根本的な対策が求められているのである。

そしてこの問題の難しさは、このような事態が起こっている原因が単一ではないことにある。良く指摘される人口減少や世帯減少は、確かに大きな原因の１つであるが、それだけではない。多くの複合的な要因があり、それらに対応していかないと解決にいたらない。さらにい

えばこれら一つ一つの原因が、日本社会の根幹的な価値観や仕組みに関係し、変更するのが容易ではないことが多いという点にある。

例えば、土地や建物の所有は財産権として保護され基本的に自由な利活用が可能である。財産権は公共の福祉という観点からの制約が可能であるが、公共の福祉に反している空き家とは、「特定空家」のようなひどい状態にあるものに限定している。そこにいたらない空き家については、公共の福祉に反していると見なされず、その状態として放置しておくことは憲法上許されている。従って、所有者の責任感が薄いというのも仕方がないことになるのである。

また例えば、日本では空き家が多いにも関わらず多くの新築住宅が建設されており、イギリス、ドイツ、アメリカなどの人口あたりの住宅着工件数と比較すると2，3倍にもなる（国土交通省）。しかし、住宅建築の総量規制や建築規制が可能かどうかということを考えると、日本人は現在でも新築志向が強いこと、そして経済活動の自由が基本的権利として保障されていることを考えれば意見が大きく分かれる問題である。

さらに、このような問題を解決しようと思えば、この空き家はそもそも誰のものなのか、また敷地はどの範囲なのかを特定していく必要がある。これについても土地建物を相続したり購入した場合に、特に不動産登記をしなくてはいけないという義務がない。従って、登記されていない土地建物が多く存在しており、所有者がよくわからない。

また敷地の境界線についても不明な場所が極めて多く、どこまでがその空き家の敷地なのか不明確であり、新たな土地利用を計画する上で大きな障害となっている。そしてこのような状況を改善するには、地道な作業が必要であり、時間がかかると指摘されている。

このようにみてくると、この問題の原因は実は今に始まったことではなく、社会の根本的な仕組みに依拠していることがわかる。特に法律的な問題は再検討が必要と思われるが、一方で、法制度を変更すればよいというわけでもない。このような制度面の問題に加えて、地域の疲弊などによる問題があり、これについては地域として解決していく必要がある。

地域的解決策としては、日本ではまちづくりという手法が発達している。これは上記のような憲法上の財産権の保護だけではより良い地域づくりが成り立たないところから、住民同士で財産権を規制したり、地域のルール作りをしたり、プロジェクトを進めるなど様々な地域で多くの実績を有している。行政の働きかけや支援もあるものの、基本的

室田昌子（むろた まさこ）

東京都市大学環境学部教授　博士（工学）

専門は居住環境論、都市計画、主要著書は「地域再生戦略　コミュニティ・マネジメント」（学芸出版社、2010 年、単著）、「生活の視点でとく都市計画」（彰国社、2016 年、共著）、「都市自治体と空き家ー課題・対策・展望ー」（日本都市センター、2015 年、分担執筆）など、日本不動産学会論文奨励賞、都市住宅学会論文賞、日本不動産学会論説章、横浜・人・まち・デザイン賞支援賞などの受賞。

には住民の合意や自主性を重視しつつ発達してきたものといえる。

　前述の個人所有者の「何となく」、「面倒だから」という回答は、必ずしも責任意識が薄いだけではなく、地域の問題を抱えており、一人で頑張っても難しいというケースも多く含まれる。すなわち、「この地域は空き家が多く地価も下落しており、建物の改修や解体をしても利用されるかどうかわからない。安い金額でしか賃貸や売却ができないとすれば割に合わない。従って何となくそのような面倒な手間をかけるだけ無駄と思える」という場合も少なからずある。このような地域が空き家問題を解決し継続性を担保するためには、地域の魅力向上や環境価値を向上させ、地域再生を改めて行う必要がある。

　日本ではこれまで既成市街地のハード整備を含む再生といえば、密集市街地の再生や中心市街地の再生などのように、特定の問題を抱えるエリアが中心であった。一般の既成市街地でのまちづくりは環境保全が主体であり、再整備を含む再生のノウハウは十分ではない。また、残念ながら、地域の魅力づくりを行い地域再生をすれば、どんな地域でも空き家問題を解決できるかというとそうではない。再生を進めても継続性が難しい地域も多いといえる。ただし、再生をすることにより空き家問題を軽減し地域継続性が担保できる地域もあり、そのような地域は是非再生をするべきである。

　空き家問題の解決を一つの目標においたまちづくりは、今後、もっと発達するべきと考える。空き家の予防や空き家の利活用、空き家リノベーション、地域の魅力づくり、環境再整備、地域の新たなルールづくり、地域管理などをトータルに検討する、空き家解決型まちづくりとも呼べるようなまちづくりを進める必要がある。

　このまちづくりに組み込まなくてはいけない新しい概念が、「個々人の次世代への継承方法の共有と次世代の参画」ではないかと考える。

　現在、増加している空き店舗、空き家や空き地、耕作放棄地などの管理不全や放棄状態にある土地建物は、いずれもかつては家族内の継承が前提であったが、現在は必ずしも継承されていないという問題がある。継承するかどうかは子供の自由であり、親はその親心からできるだけ子供が継承できるように状態をキープしておく。しかし子供は独立し他の職業や他の住まいを選択し、店も農業も継承しないし住宅も同居はしない。そして時間が経過し、親の死後、そのまま放棄状態に至っているというプロセスが共通している。

　これまでは、そのような親子関係における継承は家族内や個人の問題であり、プライバシーの観点からもそれに第三者が立ち入るのはむしろタブーであったと思える。しかし、土地建物の放棄が増加し、今後はさらに増加するということを前提とすれば、タブーとして黙って見過ごすということが本当に良いかどうかは疑問である。

　かつては地域内のコミュニケーションのなかで、近隣住民はある程度の情報共有をしていたと思われるが、現在はそのようなコミュニケーションも希薄なケースが多く、全く予測がつかない。このような状況下で将来を見通した計画づくりを進めることは難しいと言える。従って、可能な範囲で、どのような考え方なのかを聞いてある程度の情報共有をすることは必要と思える。もちろん、現段階は未定であるという場合や、さらに相続問題もあり迂闊に言えないという場合もあり、情報共有が困難なケースも多い。

　従ってあくまで可能な範囲で協力を促すということにとどまるとは思われるが、土地建物に関する今後の予定や対応方法、特に子供などにどのように継承するのかしないのかなどをあらかじめわかる範囲で情報共有しておくことは必要と思われる。子供が継承するということであれば、子供もまちづくりに参画することを促進し、参画が難しい場合でもまちづくりに関する情報を共有するなどすれば、放置しておくことの問題の理解も進むと思われる。

　このようなプライバシーに踏み込んだようなまちづくりには、住民、行政、企業、NPOや市民団体、大学や専門家などが参画する必要があり、それぞれがその役割を果たすことが求められる。行政の役割は重要であるが、プライバシー関係に踏み込むのは困難である。それが可能なのは住民やNPO、専門家であろう。まちづくりの中心的な担い手は住民を中心としたコミュニティであり、最も重要な役割を担う。行政は、多くの同様の地域を抱えているため支援するのが精一杯であり、コミュニティ力がない場合は、このようなまちづくりを進めることが困難である。企業は不動産に関するアドバイス、リノベーションや不動産流通などの斡旋、各種サービスの提供などで関われる可能性がある。

　空き家問題の解決を含むまちづくりは、これまでのまちづくり経験の延長に捉えることができるが、指摘したようないくつかの新たな挑戦も必要である。これらを乗り越えて、新たな地域価値の創造を実現し、未来につなぐまちづくりを進める必要がある。

持続可能で幸せなまちづくりのステップ

枝廣淳子（東京都市大学環境学部教授）

私は地方のまちづくりのお手伝いをさせていただいています。島根県・海士町、北海道・下川町、熊本県・南小国町、同じく熊本県・山都町の水増集落などに毎月または隔月で足を運びながら、地域の方々や行政職員とのワークショップなどを通じて、「持続可能で幸せなまち」のビジョンをつくり、そのビジョンを実現していくためのプロジェクトの支援をしているのです。ほかにも、岡山県・西粟倉村、鳥取県・智頭町のほか、トランジション・タウン運動発祥の地である英国・トットネスなどにも取材に訪れ、補助金に頼り続けない「自立的で持続可能なまちづくり」の秘訣を学んでいます。

私が地方のまちづくりのお手伝いに力を入れているのは、「未来は地域にしかない」と信じているためです。そして、地方のまちが持続していくことは、都市部や国にとっても重要だと信じているからです。

日本には、1800弱の市区町村があります。そのうち、人口3万人位の市区町村は900超ありますが、その人口を合計しても、日本の総人口の約8％にしかなりません。投票力からいうと、どうしても政策等の優先順位が下がってしまう立場にあるのですが、実は、これらの自治体の面積を合計すると、日本の総面積の約48％を占めています。つまり、8％の人々が国土の48％を守ってくれているのです。こういった小規模な市区町村が元気に持続することができなければ、日本の国土保全すらおぼつかなくなりかねません。

2017年9月5日、京都大学と日立製作所が重要なプレスリリースを発表しました。少子高齢化や人口減少、産業構造の変化などが進む中で、どのように人々の暮らしや地域の持続可能性を保っていくことができるか？　それを考えるためのシナリオ分析に、AI（人工知能）を活用した研究結果です。

2052年までの約2万通りの未来シナリオを分類した結果、「都市集中シナリオ」と「地方分散シナリオ」が浮かび上がりました。「都市集中シナリオ」では、主に都市の企業が主導する技術革新によって、人口の都市への一極集中が進行し、地方は衰退、出生率の低下と格差の拡大がさらに進行し、個人の健康寿命や幸福感は低下します。「地方分散シナリオ」は、地方へ人口分散が起こり、出生率が持ち直して格差が縮小し、個人の健康寿命や幸福感も増大するというもので、持続可能性という視点からより望ましいとされます。

解析の結果、「今から8〜10年後に、都市集中シナリオと地方分散シナリオとの分岐が発生し、以降は両シナリオが再び交わることはない」ことが明らかになりました。そして、望ましいとされる地方分散シナリオは、「地域内の経済循環が十分に機能しないと財政あるいは環境が極度に悪化し、やがて持続不能となる可能性がある。これらの持続不能シナリオへの分岐は17〜20年後までに発生する。持続可能シナリオへ誘導するには、地方税収、地域内エネルギー自給率、地方雇用などについて経済循環を高める政策を継続的に実行する必要がある」というのです。わずか10年足らずのうちに分岐点がやってくるまえに、大きく地方分散シナリオに転換しなくてはならない、ということです。しかも、地域内の経済循環をしっかり回せるようにしておけるかが鍵を握っているのです。

各地域が、それぞれ地元の経済をきちんと回し、お金や雇用を外部に依存する割合を低減しておくことは、次なる金融危機やエネルギー危機、顕在化する温暖化の影響（地球の裏側での被害もグローバル経済をたどって、地方にも大きな影響を及ぼす時代です）などに対する「しなやかに立ち直る力」（レジリエンス）を高める上でも、非常に重要です。

うれしい知らせは、「地域経済を取り戻す！」ための考え方やツール、事例がさまざまに登場しているということです。地元経済の現状を「見える化」し、地域経済の漏れ穴をふさぐ取り組みを重ねていくことで、地元の経済を創りなおしていくことができます。日本でもいくつもの取り組みが成果を挙げ始めています。

地域の人々が「今後、どういう町にしたいのか？」という共有ビジョンをつくるためのプロセスを設計し、サポートしています。また、そのビジョンの実現に向けて、望ましい好循環をつくり出すためにシステム思考を用います。そして、「地域経済を取り戻す！」ための考え方を紹介し、ツールを使って、地域経済の「見える化」を支援し、着々と取り組みを進めていくための土台づくりをしています。

今は規模の小さな市町村でのお手伝いを中心に進めていますが、そこから得られる気づきと学びは、必ずや規模の大きな都市でも役に立つと信じて取り組んでいます。

枝廣淳子（えだひろ じゅんこ）

東京都市大学環境学部教授

『不都合な真実2』（アル・ゴア氏著）の翻訳をはじめ、地球環境の現状や国内外の動き、新しい経済や社会のあり方、幸福度、レジリエンス（しなやかな強さ）を高めるための考え方や事例を研究。「伝えること」で変化を創り、「つながり」と「対話」でしなやかに強く、幸せな未来の共創をめざす。

水増集落で行ったゼミ合宿で研究発表を行う枝廣研究室（2017年8月）

製品ライフサイクルに注目した環境評価

文／伊坪徳宏（東京都市大学環境学部教授）

1. はじめに

製品のライフサイクルを通じた温室効果ガスの排出量をラベルとして製品の貼付するカーボンフットプリントは、英国、スイス、スウェーデンなどの欧州各国のほか、韓国やタイなどアジア各国でも導入がみられる。現在ISO（国際標準規格）においてその実施手順に関する国際規格化作業が行われており、規格が成立した際はその利用はさらに広がるものと期待される。わが国では、経済産業省が積極的に導入を進めており、現在は食品や衣料、衛生品、文具、食器など1000を超える品目のカーボンフットプリントが登録され、流通が始まっている。環境に関わる情報は「地球にやさしい」といった定性的な表現から、「CO_2 排出量○○kg」という定量的なものへと目立つようになってきた。

カーボンフットプリントの大きな特徴は、製品のライフサイクルを通じて発生する温室効果ガスの排出量を求めているところにある。たとえば温対法 では、一定量以上温室効果ガスを排出しているとみられる特定の事業者は、温室効果ガスの排出量を算定し国に報告することを義務づけているが、その範囲はあくまで事業の範囲内に限られる。ライフサイクルとは、製品の製造のみでなく、製品に利用される原材料や部品、輸送、製品の使用、メンテナンス、リサイクル、廃棄などが含まれる。これらすべての工程が考慮されることにより、包括的な観点のもとで温室効果ガスの排出を削減するための検討を行うことができる。日々購入したり、使用したりしている製品に対して環境情報を可視化し、環境負荷の低い行動を促すボトムアップ的なアプローチの推進にCFPは有用であると認識されている。

CFPの理論的基礎はLCA（ライフサイクルアセスメント）に基づく。LCAは製品のライフサイクルにわたる環境影響を評価するための技法として、すでに世界的に活用されている。また、最近はウォーターフットプリントや環境効率などさまざまな環境評価が注目されているが、これらもLCAの手法や評価インフラを活用している。つまり、LCAはさまざまな環境指標や評価手法の拠り所となりつつある。本稿では、LCAの実施手順から特徴について解説し、今後の課題や展望についてあわせて説明する。

2. LCAとは

製品やサービスのライフサイクルに注目し、環境負荷や環境影響を定量的に分析、評価する方法を「ライフサイクルアセスメント（LCA）」と呼ぶ。LCAは1993年に国際標準化機構（ISO）において、企業などの組織が環境に配慮した経営を行うための指針である環境マネジメントシステムを構築するのに有効な手法であると広く認識され、1997年に国際規格（ISO14040）が発行された。以降、世界各国でLCAが活用されるようになり、製品の環境影響評価手法として不動の地位を確立している。我が国においても、自動車、電気製品、事務機器、建築、土木、食品、ICT、イベントなど、あらゆる産業においてLCAが普及しつつある。

3. LCAの考え方

いまやエコカーの代名詞ともいえるハイブリッドカーはその燃費の良さが特徴である。最新のモデルは1リットル当たり40km走行できる。エンジンのほか、モーターや二次電池、インバータなどを駆使したハイブリッドカーは、使用時の燃料消費量を削減する一方で、多くの部品を使用する。真にエコカーとして使用が奨励されるためには、部品の生産のほか、これらに用いられる材料や資源の調達のためにより多くの環境負荷を発生したとしても、それ以上に使用時の環境負荷の削減量が大きいことが不可欠である。

トヨタはハイブリッドカーと同クラスのガソリン車とを比較した。これによれば、原材料の調達から製品組み立て時のCO_2排出量はハイブリッドカーのほうがガソリン車よりも2割程度大きい。しかし、ハイブリッドカーは車のライフサイクルを通じた排出量の7割を占める使用時のCO_2排出量を約半分にすることができるため、全体の排出量は4割程度削減することができることがわかる。この結果は、同社のホームページにおいて公開されており、エコカーとしての地位を揺るぎないものにしている。製品の環境負荷量を削減するためには、特定のプロセスの環境負荷を低減できても、別の工程の環境負荷量を増大させてしまうことがある。ライフサイクルを通じた分析はこれらの差異を考慮した総合的な検討にきわめて有効である。

LCAには、もうひとつの捉え方がある。これは、地球温暖化や化学

伊坪徳宏（いつぼ のりひろ）

東京都市大学環境学部教授

東京大学工学系研究科材料科学専攻修了（博士）
1998年〜ライフサイクル影響評価手法を開発（LCA国家プロジェクト）
2001年〜環境影響評価手法LIMEの開発と産業界への応用研究に従事
2013年〜現職、環境科学、ライフサイクル影響評価など担当
共著「LCA概論」「環境経営・会計」他。

物質、廃棄物といったさまざまな環境影響を対象とするというものである。環境問題には、地球温暖化やオゾン層破壊、資源枯渇といった地球環境問題から、酸性化や光化学オキシダントといった大陸レベルの環境問題、さらには、富栄養化や騒音などの地域性の高い問題まである。これらの関係を十分認識し、特定の環境問題のみに注目することで他の環境影響を悪化させることを極力回避することが求められる。再生紙とバージン紙を対象とした環境影響の評価によれば、地球温暖化は再生紙のほうが若干大きい。回収した使用済みの紙から再生パルプを作り、再生紙を作るためには漂白しなくてはならない。その際により多くのエネルギーが投入され、かつ、漂白剤が投入されなくてはならない。また、バージンパルプの生産には、木材繊維を固めていたリグニンや樹脂成分が混ざった液体である黒液を燃料として活用することができるという利点もある。

しかし、温暖化以外の環境影響、たとえば、酸性化や富栄養化、廃棄物、いずれも再生紙の方が小さい。酸性化は窒素酸化物（NOx）や硫黄酸化物（SO_2）、富栄養化には全窒素や全リン、窒素酸化物（NOx）が主な要因物質である。この場合では、国内で発生した古紙を回収して生産する再生紙よりも、海外からチップを長距離船で輸送する際に発生する NOx や SO_2 の排出量が大きいことに起因する。したがって、酸性化や富栄養化の影響を削減するには、輸送の効率化や輸送距離の削減がより重視されることになる。

このように、さまざまな環境影響を見たときに、その評価結果がかならずしもすべての影響領域で同じ結論が得られるとは限らない。LCA は、「ライフサイクル」と「環境影響の多様性」の双方を考慮した総合的なアプローチである。ただし、LCA はあくまで評価者や報告を受ける意思決定者が最終的な判断を行うのを支援するためのツールである。評価者は自身の評価目的を明確に持って、その目的に応じた LCA を実施し、その結果はあくまで判断基準の一つとして認識されるべきである。いまや LCA は先進国に留まらず、発展途上国においても広く利用されている。グローバル企業が LCA を駆使してエコプロダクツの優位性を立証し、早期に普及することを支援することで真のサステナブルな社会の構築へと貢献することが期待される。

未来の環境都市を支える「グリーンインフラ」
そして予防的健康獲得の社会へ

飯島健太郎（東京都市大学総合研究所教授・環境学部教授）

1. はじめに

　「未来の環境都市を描く……」、この壮大なテーマにどのように臨んでいくのか。高度4000メートルの超高層都市、あるいは海底都市、果ては宇宙都市など、それはそれで夢のある構想として語られていた。しかし現在、その本質は、ポジティブな発想以上に「このままでは将来が危ない」という危機感からもたらされる部分が少なくない。環境の激変、災害、そして人の健康問題など、その悪化モデルは科学的にも明らかにされつつある。都市という空間的・時間的な動態を分析し、未来都市を語り対策を講じていくためには、都市計画、建築土木、ランドスケープのみならず、生物、社会経済、ライフスタイル、幸福論、文化論など様々なミッションで活躍の方々の考え方を化学反応させ、また産官民学の様々な立場での議論が必要であり、この講座は今後の議論を深めていくためにも意義深いものであった。一地球市民として、国民として、地域人として、あるいは専門を持つ立場として、未来都市を描くことが今求められている。それにしても壮大なテーマである。具体的な姿形はともかく、そこに実現していることは実態としての「持続可能な社会」であり、そもそもの生物個体、種族にとってはその継承とともに安心安全の確保と環境適応、その総和である環境の姿をいかに日常に感じることができるかであろう。

　都市インフラについては、今後改修更新ラッシュとなり、統合体系化するなかでの有効な土地利用転換を図り、都市環境の改善や防災減災を図ること、新たな価値創造とライフスタイルの導入とともに健康予防的な生活習慣と環境の創造など、総合的最適解に導く都市の構築が求められている。

2. 未来の都市基盤を総合的に支えるシステム
「グリーンインフラ」

　グリーンインフラは自然生態系が持つ機能を活かして社会資本整備や国土管理を行う新たなインフラの概念であり、従来型のインフラに補完する新たな概念として欧米を中心に広まってきている。グリーンインフラとしてしばしば紹介されるのはアメリカ・ポートランドの流出雨水対策など土木分野の延長線上に捉えられることもあるが、その

概念・定義は、専門領域や国によっても様々である。前述の指針に基づいて国土レベル、地方レベル、地域レベル、都市レベル、街区レベル、建築都市施設レベルなどにおいて、あるいは臨海港湾部から都心部、流域、郊外の里山的エリアなど体系的にその目的に基づき整備が図られることが重要である。

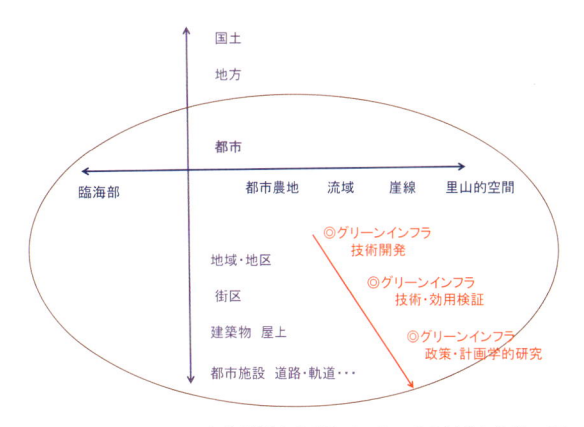

土地利用上のグリーンインフラの対象と体系、そして研究課題

　地域の暑熱環境緩和対策から環境浄化などの環境対策、震災、津波、洪水や延焼などの防災・減災対策、さらには健康寿命の増進を促す環境創生など、様々な公益的機能をもたらす緑地空間を土地利用に体系的に具現化する方策が今後期待されており、未来の環境都市を構想する上で重要なキーワードとなっている。

　これまでの都市緑化、生態環境都市という概念に加えて、ポートランドのストームウォーターマネージメント（雨水プランター型グリーンストリート、集合住宅周りの生態緑溝、再開発後に創出された公園緑地の広大な生態滞留池）、ニューヨークのハイライン（廃線した高架線の緑道化）、ソウルのチョンゲチョンやシンガポールのビシャンパークに見る河川公園（洪水対策から都市景観の形成）など、都市のグリーンインフラが紹介されている。それらの事例に共通している視点として、老朽化した（廃止された）都市施設の用途転換により再生して、環境機能、防災減災機能を発揮させていること、賑わいのある生き生きとした日常空間に変化させることによって地域の治安をも改善して

飯島健太郎（いいじま けんたろう）

東京都市大学総合研究所教授
環境学部教授

東京農業大学大学院農学研究科博士後期課程修了。博士（農学）
東京農業大学助手、桐蔭横浜大学医用工学部准教授を経て現職。
専門は環境緑地学、公衆衛生学。都市のグリーンインフラに関する研究、緑地環境と人の健康に関する研究に携わっている。

いること、ついては地域の不動産価値を高めていることなどである。さらには多くの非営利団体やボランティアによる企画運営から維持管理への関与があることである。これらの例はわが国においてもグリーンインフラの概念による新たな都市空間の再生の実現に向けて大いに参考になるものであろう。

3. 屋上緑化を事例とした各国のグリーンインフラ

先にも述べたグリーンインフラは、スケールレベル、各施設レベルで体系的にその配置計画がなされ機能させていくことが望ましい。例えば、公園緑地、街路の緑化、屋上・壁面等の建築緑化、水辺の緑化など目に見える緑化も、都市気候や流域としての循環などを視野に入れながらその環境改善から減災機能に言及するとともに、生態系サービスに寄与する緑地のネットワーク化を図ることが重要である。しかし将来的な体系化、ネットワーク化を意図しつつも、目の前の具体の整備は点としてあるいはパッチ状に展開する。そういった観点から近年、わが国で緑地面積を年々再々拡大させているのは建築緑化、特に屋上緑化であろう。その屋上緑化推進の背景について、わが国と海外の数例について言及したい。

1) わが国における屋上緑化と暑熱環境緩和効果

わが国においても、屋上緑化や壁面緑化などの特殊緑化が広く一般に認識されるようになった。国や各地方自治体の政策展開を受けて、2000年以降急速にその緑化面積を伸ばした結果、都心の自治体の施設、ショッピングセンター、オフィスビルなど、公共・民間部門ともに建築物緑化が増えた。都市環境の改善、特に暑熱環境の緩和について、土地利用上の観点から計画される手法の一つが特殊緑化であり、1990年頃から屋上緑化に関する技術研究からその効果を検証する研究が積極的に行われてきた。屋上のスラブ面（表面温度）が50〜60℃、場合によってはそれ以上に達する一方で植栽表面は30〜40℃にとどまること、また夜間には植栽表面が、近傍気温よりも低下して冷却面として作用することなどが検証されている。植栽は屋上の人工的なペーブメントよりも表面温度を低減し近傍への放射を緩和する(表)。

1990年当初は行政、財団、研究者などの調査団によってドイツの屋上緑化やビオトープ公園などの視察が盛んに実施された。とりわけ屋上緑化では、気候風土の異なるドイツの緑化技術を直輸入して施工後に著しく枯損させるケースが散見されたり、そもそも屋上緑化の完成型に対するドイツと日本の方針の相違を認識せずに施工して混乱するケースもあった。現在そうした混乱はなく、都市の環境対策として広く展開すべく、折板屋根等にも応用できる薄層型の緑化と人の有効利用を明確に意図した庭園型屋上緑化など多用途との合わせ技でグリーンインフラを展開していると言える。

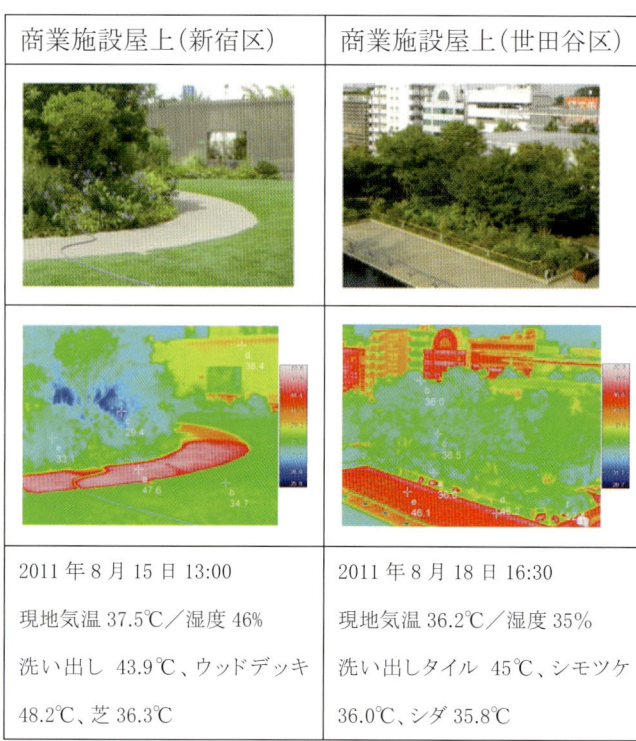

商業施設屋上（新宿区）	商業施設屋上（世田谷区）
2011年8月15日 13:00 現地気温 37.5℃／湿度46% 洗い出し 43.9℃、ウッドデッキ 48.2℃、芝 36.3℃	2011年8月18日 16:30 現地気温 36.2℃／湿度35% 洗い出しタイル 45℃、シモツケ 36.0℃、シダ 35.8℃

都心の屋上緑化とサーモ画像

ハイラインをまたぐホテル（ニューヨーク）

再開発中のハドソンヤード付近（ニューヨーク）

グリーンストリート・雨水プランター型（ポートランド）

集合住宅周りの生態緑溝（ポートランド）

各階のパラペット部を活用した壁面緑化（シンガポール）

大規模河川緑地・ビシャンパーク。洪水を受けとめる（シンガポール）

2) ポートランドに見るストームウォーター・マネージメントと屋上緑化

都市の環境改善と減災に向けた重要な課題として流出雨水対策がある。都市において雨水の流出が問題となるのは主に二つの側面がある。まずは建築や舗装などを通じて地表面から流出する雨水の量や速度が増加することによって生じる悪影響、もう一つは流出した雨水中の汚染物質の存在あるいは濃度が問題となる。これらは、都市の土地利用とその再生を今後どのように行うかという問題に直接関係する。雨水汚染は、生息地の損失をはじめとした都市の環境における諸問題を拡大増加させ、特に都市の水域における水文学的機能の変化や水質の変動をもたらす。また、都市部での浸水（洪水）を増加させ、水生生物の多様性を低下させる。さらには我々の健康や経済、社会福祉に影響を与えるだけでなく、河川や水域における堆積物や岸辺の浸食をも増加させる。

流出雨水は、ストームウォーター（stormwater）と呼ばれており、地表に降った雨が屋根やアスファルトなどの不浸透面を流れ、そこにある汚れや油やごみ等を押し流しながら、海や川などに直接流れ出てしまう雨水のことであり問題視されている。様々な金属類、有機化学薬品、病原体、栄養素、BOD、堆積物、塩類などの形で流出するリスクがある（表）。

一方、都市の不浸透面の増加により、地中に浸み込まない流出雨水が都市型集中豪雨時に短時間に流れることで雨水管や下水管があふれ、浸水被害を引き起こし、都市生活者にも影響を及ぼすことが問題となっている。開発の先進地域において舗装と屋上のような不浸透性地表面は、雨が地面に自然浸透することを妨げ、排水溝、雨水管、下水へと流出させる。これにより下流での浸水の発生、護岸の浸食、河川の混濁度の上昇、沈殿物が撹拌されて生じたぬかるみが従前の生物生息地を破壊するなど負の影響を及ぼす可能性がある。

従来の雨水管理計画は、合流式あるいは分流式下水道のそれぞれのネットワーク内に雨水を集め、敷地からできるだけ速く排出することを

念頭に整備されてきた。それらの雨水は大規模な雨水管理施設または下水処理場へと送られて処理されるか、そのまま放出されるかであった。しかし下流域への影響を抑制するには、雨天時その周辺の敷地による雨水管理計画を図らなければならない。すなわち雨水が流出したその発生源で、小規模処理を通じて自然に存在する流域を修復することを目指すものであり、水文学的・生態学的に開発前の自然の修復機能を模倣することである。

米国ポートランド市はこうした背景に鑑み、早くから取り組みを始め、雨樋の非接続化を図ってきた。また 1995 年初めて EcoRoof（屋上緑化）を「源での対策」として検討を始め、1996 年に最初の EcoRoof が住居用のガレージに設置され、その後流出雨水のモニタリング（流出雨水の量と質）が 1997 年〜 1999 年の 27 か月に渡って行われた。そうした効果に基づき流出雨水対策としての屋上緑化が推進され、さらには建築物外構、沿道植栽枡、住宅の庭など、様々な雨水浸透面の創出を図ることをグリーンインフラの一つと位置付け、流出雨水対策の効果を挙げている。ポートランド市におけるエコルーフは、私有地・公有地を含め 420 箇所（9.3ha）創出（1996 〜 2014 年）されている。その後は、街路の緑化、再開発地の大規模緑地などと併せて、地域、流域単位でのストームウォーター・マネージメントとして体系的にグリーンインフラを展開している。

3) ドイツ南西部の生物多様性保全と屋上緑化

大気、水域環境などの保全とそれを指標する生物多様性の健全性の観点から緑地の保全再生を図ることが課題であるが、建築構造物の林立する都市部での具現化は容易ではない。ドイツ南西部の各都市は環境都市としてよく知られるが、前述の観点に基づき地形、地質、水系、微気象などを詳細に検討し、かつての公害からの環境改善と将来永続的に市民の健康を保続するための都市計画について検討しており、その体系のなかで屋上利用も位置づけられている。

シュツットガルト市は周囲を丘陵に囲まれた典型的な盆地地形である。大気が滞留しやすい状態であるため、かつて商工業の発展とともに大気汚染などの公害や温暖化による暑熱環境の悪化が深刻化した。そこで大気汚染や都市気候の緩和の観点から、大気の流れの制御を重視した都市計画を展開し、その効果をより有効にするための道路や軌道、公園、建築物の配置や緑化を規定し、体系的な都市整備を展開している。大気の流れの制御、すなわち「風の道（Kaltluftabflultz）」を都市整備に展開するために、気象・大気の基礎的な調査を L プランの中で実

種別	例
物質	亜鉛、カドミウム、銅、クロム、ヒ素、鉛など
有機化学薬品	農薬、油、ガソリン、油脂
病原体	ビールス、バクテリア、原生動物
栄養素	窒素、リン
生物化学的酸素要求量(BOD)	芝の刈草、落葉、炭化水素、ヒトおよび動物の排泄物
堆積物(沈殿物)	砂、土壌、シルト
塩類	ナトリウム塩化物、塩化カルシウム

硬質舗装面を流出した雨水に含まれる可能性のある汚染物質

都心の人工地盤緑化群（東京）

デパートの屋上緑地（横浜）

テラス状の屋上緑化（アクロス福岡）

施し、大気の流れ、温度、湿度について詳細な調査データをまとめている。その結果、周囲の丘陵地、傾斜地部分にも住宅地が及んでいるが、風の道として重要なエリアは緑地が保全創出されたり、住宅の階高が制限されたりする。傾斜地にあるブドウ畑のほか、比較的密集した傾斜地の住宅団地においても緑視率が高く、ガレージ上の人工地盤緑化などが積極的行われている。さらに傾斜地の緑化と連続した場所の建築物にも屋上緑化が行われるなど、体系的な緑地整備が図られている。

ドイツにおいて屋上緑化の積極的推進がスタートしたのは 1990 年頃である。その後、技術面では多くの課題をクリアしながら安定した技術として普及するに至った。現在わが国でも広く展開している管理以外の立ち入りが想定さていないタイプの屋上緑化、これはドイツでは「粗放型緑化／Extensive roof planting」として位置づけられ、ドイツ風の緑化理念に基づいて長年にわたってその技術を確立してきたものである。ドイツのそれは単一種から数種の草種を導入しており、施工方法は屋根上に土壌浸食防止の工夫が施された基盤条件に直接播種する方法が一般的である。播種する種類は、グラス類、野草類、ハーブ類、セダム類、球根類などのグラウンドカバープランツであり、それらの混合種子を播種する。これが発芽し、その地域の気候、傾斜屋根の方位、その他の環境要因によって、自然淘汰され適正な種類が生育していくという変化を容認している。鳥の糞や風に運ばれた種子から自然に定着することもある。こうして本来建物が無ければその土地に存在していたであろう草地生態系をそのまま屋上に具現化すべく緑化されているとともに、生態系ネットワークを意図した保全・再生を展開しており、地域、流域単位のグリーンインフラ整備の指針としても参考になるものである。

4. 都市生活における人の健康問題もグリーンインフラで解決策

様々な機能をもつ都市環境の中でも人の居住・就労、その移動など人々を包み込む空間、そしてその空間で刻々と進む時間のなかで生活する人間にとって、ある種の快適性、利便性を伴った舞台の裏側に大きな健康問題を拡大させてきたと言っても過言ではない。夏季の熱中症や冬季のインフルエンザの流行、高齢者の寝たきり問題から認知症問題、60％以上抱える生活習慣病問題、子どもの成長発達問題、各世代に及ぶ心因性のストレス問題など、いずれも直接間接に都市環境が関与している。高度経済成長時代と公害対策期からくらべれば、ある意味での化学的物理的環境は飛躍的に改善した都市であるが、土地利用上の新たな環境問題を生みだし、また私たちのライフスタイルか

らもたらされる身体の変化もまた健康問題を助長する。こうした対策はこれまで治療や症状の緩和といった医療中心に展開してきたが、昨今健康寿命の増進といったスローガンにも見られるように予防的な施策も展開されるようになってきた。予防的観点を重視するならば、医療行為のみならず各種保健衛生活動が重要である。公衆衛生学では、予防的観点と国民全体に及ぶ健康対策を重んじている。最先端の高度医療による個別の医療よりも、全体として広く行き届く健康予防対策を検討する分野である。その中に早期発見、適切な医療を中心にした医療行為も含まれているが、その手前の健康増進、疾病予防を最前衛の対策としている。個別の疾病予防のみならず、健全な成長・発達の推進の検討をも包括している。こうした保健衛生活動と未来の都市環境の視点について、筆者は「保健衛生分野から見た緑素材・緑空間の活用」というテーマで論じている。すなわち都市部に土地利用上配置された緑地、居住就労の空間に計画的に配置された緑などが公衆衛生上、重要な媒体になるというものである。

公衆衛生学では、特定の年齢層、あるいは特定の地域や活動集団における特有の疾病の発症を想定し、その予防に努める観点から、母子保健、学校保健、成人保健、老人保健、産業保健、精神保健、環境衛生などのカテゴリーで事業が展開されている（表）。

緑と健康効用に関する議論はこれまでにも活発に行われてきた。物理的・化学的な環境改善効果、心理的効果、園芸療法にみるリハビリテーション効果など、様々な場面、あるいは症状の緩和、予防的な観点によって説かれ、各々の研究はエビデンスを求めるべく、臨床的な研究に加え、医用工学機器を駆使した高度な計測も導入され、生理的

分　類	内　容
母子保健	健康診査、保健指導、療養援護、医療対策など
学校保健	教育に適した学校環境、保健・体育設備、身体検査、予防接種、衛生教育の推進など
成人保健	生活習慣病対策（肥満予防、食生活の改善、運動の継続や休息）に関する施策など
老人保健	健康手帳の公布、健康教育、健康相談、健康診査、医療等、機能訓練、訪問指導など
産業保健	労働の環境、労働時間・休憩・休日・休暇・疲労、職業病対策など
精神保健	精神面の健康の維持・増進、そして予防と治療など
環境衛生	水質・土壌・大気環境の保全、建築環境の保全など

公衆衛生学上の保健衛生の分類

エコルーフ（ポートランド）

生物多様性保全を目指し草地生態系を屋上に再現（シュツットガルト）

中央駅付近の建築物に続々と登場する粗放型緑化（シュツットガルト）

メカニズムによって緑の効果が説明されるまでに至っている。関連研究者の顕著な成果の数々である。

そうした緑の健康効用の社会化、すなわちグリーンインフラとしての整備はこれからの大きな課題である。

＜母子保健＞

子どもの健全な成長発達のためには、外遊びは重要である。能動汗腺が発達するためには、生後2歳半までにある程度の暑さを経験しなければならないし、適度な植物や土（微生物など）との触れ合いの中で免疫系も発達するように、様々な機能の成長発達は生後の環境応答によるところが大きい。こうした観点から生後の子どもの外遊びを受け入れる場として、都市の公園緑地は重要なグリーンインフラとなる。

＜学校保健＞

前述の子どもの成長発達にも通ずるが、より身体づくり、抵抗力の強化とともに、適度なストレス発散と集中力の確保など、集団生活と学習を営む児童生徒にとって、学校での休息やレクリエーションの時間が重要である。その効果を高めるためにも室内のみならず、校庭がそうした場となることが望ましい。校庭の芝生化によりそうした効果が高まることが示唆されているが、十分な校庭面積が確保できない場合には校舎屋上の緑地化も有効である。

＜産業保健＞

特にオフィス労働者の目の疲労、足腰のむくみや痛み、心的飽和やストレス感など、特有の症状とともに仕事の効率や安全性の問題がしばしば議論される。適切なストレスの発散、疲労回復により、集中力の向上と安全性の確保を図ることは労働安全衛生法上からも重要である。就労時間中に十分な休憩をとること自体なかなか難しい面もあるが、そうした時間を確保すると同時に、休息する場としての環境にも着目しなければならない。昼時の屋上庭園でしばしば会社員がお弁当を持ちこんで食事をしている風景がある。こうした屋上緑地の活用は会社員にとっても極めて有効な日常の転地療養となり、その空間までの歩行も身体に良好な影響をもたらすものである。

＜成人保健・老人保健＞

生活習慣病の予防とともに、寝たきり予防、認知症予防は社会の大きなテーマである。日常における歩行、交流、様々な知覚を通じた環境認識の機会をもつことが、予防と改善のためにも重要である。屋内、施設内にとどまりがちな成人、高齢者が、日常生活において心地よく散歩したり、自然や季節感を享受することが重要である。車道に遮られることのない、ウォーカブルでバイカブルな緑のネットワークの形成は欧米各都市でも推進されている。

高齢者施設入居者にとっては施設の駐車場ではなく、季節感が味わえる施設周りの庭、屋上庭園や屋上菜園が心地よく、散歩、軽い園芸・農作業によってポジティブにリハビリテーションに臨む効果がある。

5. 今後に向けて

以上、未来都市を予兆する「グリーンインフラ」を巡る話題を展開してみた。主として環境改善、防災・減災、そして人の健康という観点から、これまでの内外の技術政策的な展開から今後の可能性を含め紹介した。しかし空間の整備、すなわちグリーンインフラという概念を背景に緑地を営造物として具現化することだけでは目標は達成されない。すなわちその空間が生き生きと存在し続けるためには、新たな発想による様々な利活用を推進すること、またその地域、その空間のプライドの形成とともに利用者自らも維持管理に参画していくような仕掛けも必要であり、未来都市とグリーンインフラにはコミュニティ強化の議論も重要である。歴史に学びつつも、産官民学の多様な関わりとコーディネートによる新たな展開が未来都市を運営するために不可欠である。

多様な立場、専門家に学んだ、東京都市大学環境学部主催「私たちが描く未来の環境都市」公開講座だからこそ、見えてきた将来像とともに取り組むべき具体策の議論を活発化させたいと思う。

参考文献
1) 涌井史郎（2017）：グリーンインフラについて話そう、ランドスケープデザイン、No.117、pp.8-13、マルモ出版
2) 飯島健太郎（2017）：東京都市大学総合研究所におけるグリーンインフラ研究から、ランドスケープデザイン、No.117、pp.14-19、マルモ出版
3) 飯島健太郎（2017）：ポートランドのストームウォーター・マネージメントとグラウンドカバープランツ、芝草研究、45(2)、pp.93-102
4) 飯島健太郎（2017）：環境対策としての屋上緑化」、雑誌「生活と環境」62巻12号、pp.14-20
5) 飯島健太郎・室田昌子・吉崎真司（2017：）都筑区の早渕川・老馬谷ガーデンプロジェクトとその役割、情報メディアジャーナル第18号、pp.9-18
6) 飯島健太郎（2014）：保健衛生分野から見た緑素材・緑空間の活用、芝草研究43(1)、pp. 1-12
7) 飯島健太郎（2014）：心の健康と緑の役割、そして芝生地、芝草研究 42(2)、pp.115-125
8) 飯島健太郎（2012）：人の健康と緑の知覚、芝草研究 41(1)、pp.2-15

屋上緑地で子どもを遊ばせる（目黒区役所屋上緑地）

昼時の商業施設の屋上で憩う会社員（新宿伊勢丹屋上緑地）

車椅子対応型の花壇

編著：東京都市大学環境学部

吉﨑真司（環境学部長・環境創生学科教授）・涌井史郎（特別教授）・佐藤真久（環境マネジメント学科教授）・大西暁生（環境創生学科准教授）・宿谷昌則（環境創生学科教授）・田中章（環境創生学科教授）・室田昌子（環境創生学科教授）・枝廣淳子（環境マネジメント学科教授）・伊坪徳宏（環境マネジメント学科教授）・飯島健太郎（総合研究所・環境創生学科併任教授）

「私たちが描く未来の環境都市・公開講座」企画委員会：
吉﨑真司、涌井史郎、飯島健太郎、堀川朗彦（総合研究所客員研究員）、山崎正代（総合研究所客員研究員）、橋田祥子（元環境学部客員研究員）、小林秀人（大和リース株式会社新規事業推進室室長）、南古祥希（大和リース株式会社）

出版協力：
大和リース株式会社
東京都市大学 研究推進部地域連携センター

編集協力：株式会社 マルモ出版
丸茂弘之
中村桂祐
エディトリアルデザイン
丸茂弘之

私たちが描く次世代につなげたい**「未来の環境都市」**

2018年5月15日発行
編著者　東京都市大学環境学部公開講座 企画委員会
発行者　丸茂喬

発行所　株式会社マルモ出版
〒150-0036 東京都渋谷区南平台町 4-8
南平台アジアマンション 708 号
TEL. 03-3496-7046　FAX. 03-3496-7387
Web: http://www.marumo-p.co.jp/

印刷・製本　株式会社ローヤル企画